测绘工程与遥感技术研究

田永明 梁 坤 王 鸿◎主编

燕山大学出版社
·秦皇岛·

图书在版编目（CIP）数据

测绘工程与遥感技术研究 / 田永明，梁坤，王鸿主编．-- 秦皇岛：燕山大学出版社，2025. 8. -- ISBN 978-7-5761-0840-8

Ⅰ．TB22；P237

中国国家版本馆 CIP 数据核字第 2025CH8413 号

测绘工程与遥感技术研究

CEHUI GONGCHENG YU YAOGAN JISHU YANJIU

田永明　梁　坤　王　鸿　主编

出 版 人：陈　玉

责任编辑：孙志强

责任印制：吴　波　　封面设计：星辰创意

出版发行：燕山大学出版社　　电　　话：0335-8387555

地　　址：河北省秦皇岛市河北大街西段 438 号　　邮政编码：066004

印　　刷：秦皇岛墨缘彩印有限公司　　经　　销：全国新华书店

开　　本：710mm × 1000mm　1/16　　印　　张：12.75

版　　次：2025 年 8 月第 1 版　　印　　次：2025 年 8 月第 1 次印刷

书　　号：ISBN 978-7-5761-0840-8　　字　　数：228 千字

定　　价：63.00 元

编委会

主　编

田永明
梁　坤
王　鸿

副主编

杨学峰
孔　利
纪赵磊

作者简介

田永明，男，45岁，测绘工程专业本科毕业，高级工程师，注册测绘师，济南市第三届优秀青年勘察设计师，济南市高层次人才。山东省测绘地理信息学会会员，山东省自然资源专家库第一批专家。具有扎实的测绘地理信息和遥感专业知识，深耕专业领域20余年，工作经验丰富，曾主持的项目获得国家级、省部级、市级优秀工程奖励30余项，并在《测绘通报》《时空信息学报》等国内核心刊物上发表科技论文近20篇，参与完成专著3部，获得国家级专利1项，参与建立地方标准1项、团体标准1项。

梁坤，女，43岁，山东科技大学地理信息系统专业毕业，注册测绘师。自毕业以来，一直从事测绘地理信息相关工作，在遥感调查监测、地理信息数据获取与处理、地理信息系统开发应用等方面具有丰富的工作经验，对遥感监测在城市精细化管理的应用、地理信息服务数字孪生城市建设与管理等领域有深入研究。先后在专业期刊发表论文数篇，获得国家发明专利1项。

王鸿，女，47岁，武汉大学本科毕业，济南市勘察测绘研究院地信分院总工程师，山东省遥感协会支委会秘书。近年来主要围绕新型基础测绘、实景三维济南、城市级卫星遥感体系建设、数字孪生和数字政府服务开展工作。攻克了三维辅助城市管理决策核心技术，解决了从土地收储、规划编制、供地到不动产全链条的三维数据建设和多业务融合难题。先后发表论文数篇，主持的多项工程获得国家、省、市奖励，参与完成著作1部、科研8项、软著2项，获得专利1项。

前　言

随着我国科学技术的不断发展，测绘技术已经应用于各行各业。传统测绘技术存在诸多弊端，如依靠人工记录和操作，难以满足新时期工程建设的需要。今天的测绘技术朝着新方向不断发展，并且已经大量应用于工程建设之中。随着全球定位系统、地理信息系统、测绘仪器、遥感技术的不断发展成熟，测绘工程逐渐向数字化、智能化、网络化、自动化发展，这种转变大幅降低了工作人员的工作强度和工作压力，提升了工作效率和测量精度，减少了人员成本和物资投入，提高了企业经济效益。全球定位系统出现后，全球任何区域都能被无线导航覆盖，测量工作不再受环境等因素的影响，即便是在复杂、恶劣的环境下也能顺利完成。遥感技术的出现实现了远程操控，有助于人们长期对地球表面进行动态的系统化研究。日益完善的地理信息系统方便了人们随时随地了解各地的地理信息，使测量工作更加顺畅。测绘工程与遥感技术作为两个密切相关且各自在现代地理信息科学中发挥了重要作用的领域，一个为测绘工程提供了快速、高效、大范围的数据获取手段，大幅提高了测绘工程的作业效率和质量，另一个则为遥感影像的解译、精度验证等提供了基础数据和技术支持。两者的结合为地理信息科学提供了强大的工具，推动了社会的可持续发展。

本书简要介绍了测绘学科的发展、测绘的基础知识、测绘相关技术，阐述了测绘数据的处理、测绘综合管理及测绘工程质量控制，探究了遥感技术的原理、遥感图像处理以及遥感技术在城市中的应用等内容。本书内容丰富、语言通俗易懂，希望本书能让读者对测绘工程以及遥感技术有一个清晰的认识，能为相关工作人员开展工作提供理论参考。

由于作者水平有限以及时间仓促，书中难免存在不妥之处，恳请广大读者批评指正，以便进一步完善。

目 录

第一章 绪　论

第一节 测绘学科的发展

一、测绘学科的起源及历史

测绘科学和技术（简称测绘学）是一门具有悠久历史和现代发展的学科，其内容包括测定、描述地球的形状、大小、重力场、地表形态以及它们的各种变化，确定自然和人工物体、人工设施的空间位置及属性，制成各种地图和建立有关信息系统。《中华人民共和国测绘法》将测绘描述为“对自然地理要素或者地表人工设施的形状、大小、空间位置及其属性等进行测定、采集、表述以及对获取的数据、信息、成果进行处理和提供的活动”。

测绘学古老而年轻。说其古老，是因为测绘技术是人类在长期的生产实践中逐步发展起来的，是人类与大自然作斗争的一种手段；说其年轻，是因为科学技术的发展深刻地影响了测绘学科的演进，促成了现代测绘科学的形成与发展。测绘学的历史源远流长，当我们打开人类文明的历史画卷时，我们的祖先在测绘学方面所表现出来的智慧让我们惊叹，古今中外，概莫能外。早在公元前 27 世纪埃及大金字塔的建造过程中，其形状与朝向都已表现出高度的准确性，说明当时人们已经掌握了比较准确的放样工具和测量方法。我国早在夏商时代，为了治水开始了实际的测量工作。史学家司马迁在《史记》中对夏禹治水有这样的描述：“陆行乘车，水行乘船，泥行乘橇，山行乘檋，左准绳，右规矩，载四时，以开九州，通九道，陂九泽，度九山。”其中，“准”是古代用的水准器；“绳”是一种测量距离、引画直线和定平用的工具，是最早的长度度量及定平工具之一；“规”是校正圆形的工具；“矩”是古代画方形的用具，也就是曲尺。这里所记录的就是当时勘测的情景。在山东嘉祥县汉代武梁祠石室造像中，有拿着“矩”的伏羲和拿着“规”的女娲的图像，说明在西汉以前，“规”和“矩”就已是普遍使用的测量仪器。早期的水利工程多为对河道的疏导，以利防洪和灌溉，其主要的测量工作是确定水位和堤坝的高度。秦代开凿都江堰水利枢纽工程时，李冰父子用一个石头人来标定水位。当水位超过石头人的肩时，预示下游将受到洪水的威胁；当水位低于石头人的脚背时，预示下游将出现干旱。这种标定水位的办法，与现今的水尺类似，是我国水利工程测量发展的标志。北宋科学家沈括主持实施了长达 800 余里的水准测量，测得京师（今开封）的地面高出泗州十九丈四尺八寸六分，测量精度已达厘米级。1973 年长沙马王堆汉墓出土的三幅帛地图——地形图、驻军图和城邑图，是轰动世界的惊人发现，被认为是目前已知世界上最早的古代实物地图。无论是地图的内容、精度，还是其艺术水平，这些地图都是罕有可比的，表明了我国在 2100 多年前的汉代，地图制图学就已有了蓬勃的发展。我国的地籍最早出现在原始社会崩溃、奴隶社会形成之时，那时土地已变成私有财产，产生了调查和统计土地数量的需要。从秦汉到唐朝，国家对人口、土地和赋税实行统一登记，管理上以户籍登记为主。到了明清两代，政府对全国土地进行了大清查，编制了鱼鳞图册，其内容与形式与现代的地籍调查和地籍测量非常相似。

矿山测量是测绘学科发展的又一成就。在国外，发现和保存有许多古代的矿山测量成果，如公元前 15 世纪的金矿巷道图，公元前 13 世纪埃及按比例缩小的巷道图，公元前 1 世纪希腊学者格罗·亚历山德里斯基对地下测量和定向进行的叙述等。1556 年，德国人格·阿格里柯拉出版了《采矿与冶金》一书，该书专门论述了用罗盘测量井下巷道问题和解决在开采过程中所发生的一些几何问题的方法。我国是世界上最早发展采矿业的国家，在公元前 2000 多年的黄帝时代就已经开始应用金属（如铜等）。到了周代，金属工具已被广泛使用，这说明当时采矿业已很发达。据《周礼》记载，周代已设立了专门的采矿部门，在矿产开采过程中不仅重视矿体形状，还使用矿产地质图以辨别矿产的分布。这说明当时我国的矿山测量已经具备较高水平。

军事也促进了测绘学的发展。如中国战国时期修筑的午道，公元前 210 年秦始皇修建的“堑山堙谷，千八百里”的直道，古罗马构筑的兵道，以及公元前 218 年欧洲修建的通向意大利的“汉尼拔通道”等，都是著名的军用道路，修建中都要应用测量工具进行地形勘测、定线和隧道测量。我们中华民族的象征，始建于秦汉时期的万里长城，对于如此规模宏大的防御性工程，从整体布局到具体修筑，必然依赖于严密而详尽的勘察、测量工作。

二、现代测绘科学的形成与发展

（一）现代测绘科学的形成

电子技术、计算机技术以及卫星定位技术的发展，直接推动了现代测绘科学的形成。现代测绘科学的特点体现在测绘仪器和测绘理论两个方面。

测绘仪器的发展不胜枚举，这里仅列出20世纪以来对测绘仪器设备影响最大的几个方面。首先，电子技术与计算机技术出现突破，成为推动测绘仪器发展的核心动力。其次，激光技术、卫星定位测量技术、遥感技术、计算机辅助设计（CAD）技术、地理信息系统（GIS）技术、数据库技术、计算技术、无线电通信技术、网络技术等，为测绘仪器的创新和进步提供了支持，催生了光电测距仪、电子经纬仪、全站仪、各种激光测绘仪器、数字水准仪、全球卫星定位测量设备、机助制图系统等现代测绘仪器设备及技术。正是这些现代测绘仪器及技术的发展，促使测绘学科发生了深刻变革。

测绘理论的发展主要体现在三个方面：①测量平差理论的发展；②控制网优化设计理论和方法；③变形测量数据处理方法。

测量平差理论的发展主要包括：平差函数模型误差、随机模型误差的鉴别或诊断；模型误差对参数估计的影响，对参数和残差统计性质的影响；病态方程与控制网及其观测方案设计的关系。监测网参考点稳定性检验的需要，导致了自由网平差和拟稳平差的出现和发展。对观测值粗差的研究促进了控制网可靠性理论以及变形监测网变形和观测值粗差的可区分理论的研究和发展。针对观测值存在粗差的客观实际，出现了稳健估计（或称抗差估计）；针对方程系数阵存在病态的可能，发展了有偏估计。①

控制网优化设计的研究始于20世纪60至70年代，到20世纪80年代达到研究高潮。目前，控制网的优化设计方法主要有解析法和模拟法两种。解析法是基于优化设计理论构造目标函数和约束条件，求解目标函数的极大值或极小值。一般将网的质量指标作为目标函数或约束条件。网的质量指标主要有精度、可靠性和费用，对于变形监测网还包括网的灵敏度或可区分性。模拟法是根据设计资料和地图资料在图上选点布网，获取网点近似坐标，根据仪器确定观测值精度，模拟观测值，计算网络的各种质量指标如精度、可靠性、灵敏度等。

---

① 武丰雷，李超，杨学峰. 测绘技术与城市建设[M]. 天津：天津科学技术出版社，2022.

变形观测数据处理理论包括：根据变形观测数据建立变形与影响因子之间的模型关系、变形几何分析与物理解释、变形预报。变形分析与预报传统的方法多采用回归分析的方法，以后又有灰色系统理论、时间序列分析理论、傅里叶变换方法、人工神经网络方法等。尤其需要提出的是，系统论方法用于变形观测的分析已为人们重视和研究，系统论方法涉及许多非线性学科的知识，如系统论、控制论、信息论、突变论、协同论、分形理论、混沌理论、耗散结构理论等。

（二）现代测绘科学的发展趋势

传统测绘技术日益走向数字化和信息化，测量的服务面不断拓宽，与其他学科的互相渗透和交叉不断加强，引进和应用新技术、新理论的进程也随之更加深入。现代测绘科学总的发展趋势为：测量数据采集和处理向一体化、实时化、数字化方向发展；测量仪器和技术向精密、自动化、智能化、信息化方向发展；测量产品向多样化、网络化、社会化方向发展。具体表现在以下几个方面。

1. 测（成）图数字化

地形图的测绘是测量的重要内容和任务之一。工程建设规模扩大、城市迅速发展以及土地利用、地籍测量的紧迫要求，都希望缩短成图周期和实现成图自动化。

狭义概念的数字成图是指测图过程数字化，即从野外数据采集、处理到绘图的全过程均在数字化系统中完成。整个系统形成一个双向的数据流，包括全站型仪器、卫星定位设备、计算机和数控绘图仪。广义概念的数字成图除包括测图方面外，还包括形成各种专门用途的数字化图件，实际上是一个组合式的系统，包括测图系统和工程软件两部分。前者主要用于获得原始地形资料；后者可以生成彩色或单色的各种图件，如地形图、等高线图、带状平面图、立体透视图、纵横断面图、剖面图、地籍图、竣工图、地下管网图等，不仅可以进行工程量计算，如计算模型面积、体积及填挖方量等，还可进行土地规划及工程设计。

2. 工业测量系统

现代工业生产要求测量系统能够快速、高精度地测点、定位生产的自动化流程、生产过程控制、产品质量检验与监测等工作，并给出工件或复杂形体的三维数学模型，这是传统的光学、机械等工业测量方法所无法完成的，因此工业测量系统便应运而生。工业测量系统是指以电子经纬仪、全站仪、数码相机等为传感器，在计算机的控制下，完成工件的非接触实时三维坐标测量，并在现场进行测量数据的处理、分析和管理的系统。目前工业测量系统包括经纬仪测量系统、全站仪极坐标测量系统、激光跟踪测量系统和数字摄影测量系统等。与传统的工业测量方法相比较，工业测量系统在实时性、非接触性、机动性和与CAD/CAM连接等方面具有突出的优势，因此在工业界得到了广泛的应用。随着电子经纬仪向高精度和自动化方向的发展以及激光干涉测量技术和数字摄影测量技术的应用，诸多商用的工业三维坐标测量系统应运而生，它们在航空航天工业、汽车工业、造船工业、电力工业、机械工业和核工业等行业和部门得到了大范围推广和应用。

3. 施工测量自动化和智能化

施工测量的工作量大，现场条件复杂，所以施工测量的自动化、智能化是人们期盼已久的目标。由GPS和智能全站仪构成的自动测量和控制系统在施工测量自动化方面已迈出了可喜的一步。例如，我国自行开发的利用多台自动目标照准全站仪构成的顶管自动引导测量系统，已在地下顶管施工中发挥了巨大的作用。该系统利用4台自动目标照准全站仪，在计算机的控制下按自动导线测量方式，实时测出机头的位置并与设计坐标比较，从而在不影响顶管施工的情况下实时引导机头走向正确的位置。

4. 工程测量仪器和专用仪器向自动化方向发展

精密角度测量仪器已发展到用光电测角代替光学测角。光电测角能够实现自动获取、改正、显示、存储和传输数据的功能，测角精度在某些应用中已经达到甚至超过光学测角的水平。如T2000、T3000电子经纬仪采用动态测量原理，测角精度达到0.5"。电动机驱动的电子经纬仪和目标自动识别功能实现了目标的自动照准。

在精密工程安装、放样仪器中，全站式电子速测仪发展最为迅速。全站仪不仅具有测角和电子测距的功能，而且具有自动记录、存储和运算能力，有很高的作业效率。最新的全能型全站仪，在完善的硬件条件下，还包含了丰富的软件，可实现地面控制测量、施工放样和大比例尺碎部测量等功能一体化，同时还具有菜单提示和人机交互操作功能。

精密距离测量仪器，其精度及自动化程度越来越高。干涉法测距精度很高，例如：欧洲核电中心（CERN）在美国HP5526A激光干涉仪上，设计了有伺服回路控制的自准直反射器系统，实测60m以内距离误差小于0.01mm；瑞士与英国联合生产的ME5000电磁波测距仪，采用He-Ne红色激光束，单镜测程达5km，

精度为 ±0.2mm±（0.1~0.2ppm）。

高精度定向仪器，即陀螺经纬仪，在自动化观测方法上有了较大进步。采用电子计时法，定向精度从 ±20" 提高到 ±4"。新型陀螺经纬仪由微处理器控制，可以自动观测陀螺连续摆，并能补偿外部干扰，因此定向时间短、精度高，如德国生产的 Gyromat2000 陀螺经纬仪只需观测 9min 就能获得 0.3" 的精度。目前，陀螺经纬仪正在向高精度和激光可见方向发展。

精密高程测量仪器，采用数字水准仪实现了高程测量的自动化。例如：Leica、Topcon 等全自动数字式水准仪和条码水准标尺，利用图像匹配原理实现自动读取视线高和距离，测量精度最高可达到每公里往返测高差均值的标准差为 0.2mm，测量速度比常规水准测量快 30%；德国 REN002A 记录式精密补偿器水准仪和 Telamat 激光扫平仪实现了几何水准测量的自动安平、自动读数和记录、自动检核，为高程测量和放样提供了极大的便利。

工程测量专用仪器，主要指用于应变测量、准直测量和倾斜测量等需要的专用仪器。应变测量仪器有直接使用的各种传感器，以及用机械法和激光干涉法的精密测量应变的仪器。如欧洲核子中心研制的 Distinvar 是精密机械法测距的装置，精度达 0.05mm；激光干涉仪测量精度达 10^{-7} 以上，可用于直接变形测量，还可检核其他仪器。

（1）特种精密工程测量

为了保证各种大型建设工程的顺利进行，需要进行特种精密工程测量。特种精密工程测量的特点是把现代大地测量学和计量学结合起来，使用精密测量和计量仪器，达到 1.06 以上的相对精度。

大型精密工程不仅结构复杂，而且对测量精度有很高的要求。例如，研究基本粒子结构和性质的高能粒子加速器工程，要求安装两相邻电磁铁的相对径向误差不超过 ±（0.1 ~ 0.2）mm。在直线加速器中，漂移管的横向精度为 0.05 ~ 0.3mm。要满足这样高的精度，就要开展一系列的研究工作，包括选择最优布网方案、埋设最稳定标志、研制专用的测量仪器、采用合理的测量方法、进行数据处理和建立数据库等。

（2）工程测量数据处理自动化

随着测量仪器的发展，一方面由于仪器精度的提高，许多一般性的工程测量问题变得简单，另一方面又因所获得的信息量很大，对数据动态处理和解释的要求提高，从而对结果的可靠性和精度要求也大幅提高。特别是大型建筑和工业设备的施工、安装、检校、质量控制以及变形测量等，要求测量工作者除具有丰富的经验外，还应在测量技术方案设计、仪器方法选择等方面，与相邻学科如地球物理、工程地质和水文地质的专业技术人员密切合作，在研究和制定恰当的数据处理方法及计算机软件等方面，具有丰富的专业知识和独立的工作能力。

随着计算机技术的发展，测量数据处理正在逐步走向自动化。这种变化主要表现在对各种控制网的整体平差、控制网的最优化设计和变形检测的数据处理和分析等方面。测量工作者更好地使用和管理海量测量信息的最有效途径是建立测量数据库或与 GIS 技术结合建立各种工程信息系统。目前，许多测量部门已经建立了各种用途的数据库和信息系统，如控制测量数据库、地下管网数据库、道路数据库、营房数据库、土地资源信息系统、城市基础地理信息系统、军事工程信息系统等，为管理部门进行信息、数据检索与使用管理的科学化、实时化和现代化创造了条件。

（3）摄影测量和遥感技术

摄影测量是用量测相机或非量测相机对目标摄影解析出空间坐标，它是通过直接线性变换法获得的，不必进行常规的相片内、外方位定向。根据这些点位的空间坐标，绘制出目标的等值线图及其状态。它的应用范围非常广泛，可应用于文物、考古、园林、环境保护、医学等。例如，20 世纪 80 年代以来，园林部门借助测绘单位的技术力量和设备，测绘了大量园林古建筑图，这些图得到了建筑学家和文物专家的认可。实践证明，采用近景摄影测量技术进行文物古迹和古建筑测绘，是一种高效、精确且优质的技术手段。

近景摄影测量发展的趋势，重点是发展非量测摄影机和数码相机，因为其使用方便且价钱便宜。测量摄影机则向全能自动化方向发展。实时摄影测量是利用面阵列摄影机直接数字化影像，通过模数转换器和数字图像处理器的数字摄影测量技术，将它应用于近景摄影测量有独特的优点，如图像稳定性强、处理周期短、获取物方空间坐标快、价格便宜等，在制造工业、医学、天文学和机器人制造中获得广泛应用。

（4）GPS 定位测量

GPS 定位技术是近代迅速发展起来的卫星定位新技术，在全世界都有着广泛应用。GPS 定位测量有许多优点：精度高，作业时间短，不受时间、气候条件和点间通视的限制，可在统一坐标系中提供三维坐标信息等，因此在测量中有着极为广泛的应用，如在城市控制网和工程控制网的建立与改造中已普遍地应用GPS技术，在石油勘探、高速公路、通信线路、地下铁路、隧道贯通、建筑变形、大坝监测、山体滑坡、地壳形变监测等方面也已广泛使用GPS技术。

差分GPS技术（DGPS）和实时动态GPS技术（RTK）的发展，使GPS全站仪的概念随之出现。GPS全站仪可以利用GPS进行施工放样和碎部点测量，并在动态测量中有着极为广泛的应用，从而进一步拓宽了GPS在测量中的应用前景。GPS与其他传感器（如CCD相机）或测量系统组合，解决了定位、测量和通信的一体化问题，已成功地应用于快速地形测绘。例如，高精度GPS实时动态监测系统实现了大坝变形监测的全天候、高频率、高精度和自动化，是大坝外部变形观测的一个发展方向。

（5）三维激光扫描技术

三维激光扫描技术，也称为三维激光成图系统，主要由三维激光扫描仪和系统软件组成。其工作目标是快速、方便、准确地获取近距离静态物体的空间三维坐标模型，并利用软件对模型进一步分析和数据处理。三维激光扫描技术是近年来发展起来的一项新兴的测量技术，具有精度高、测量方式灵活方便的特点，特别适合于建筑物的三维建模、大型工业设备的三维模型建立以及小范围数字地面模型的建立等，其应用前景广阔。

三、测绘学科的地位及其与其他学科的关系

测绘学科的发展，与现代科学技术的发展水平和速度、与人类社会改善生活和工作环境所进行的生产活动、与现代军事的要求和军事活动密切相关。目前，测绘学已经突破原来为土木工程服务的狭窄概念，而向着更广义的方向发展，是研究并提供地表上、下及周围空间建筑和非建筑工程几何物理信息和图形信息的应用技术学科。几乎一切高科技发展的成就，都可以用来解决精密复杂的测量课题。因此，它不是一个单一的学科，而是与许多学科互相渗透、互相补充、互相促进的综合性技术学科。一方面，它需要应用摄影与遥感、地图制图、地理学、环境科学、建筑学、力学、计算机科学、人工智能、自动化理论、计量技术、电子工程和网络技术等新技术、新理论解决测量中的难题，丰富其内容；另一方面，它通过在测量中应用这些新技术、新理论，也使相关科学成果更富有生命力。例如：

空间定位技术在工程建设部门获得极为广泛的应用；地理信息系统和遥感技术应用于工程勘探、资源开发、城市和区域专用信息管理系统及工程管理信息数据库；固态摄影机使“立体视觉系统”迅速发展，应用到三维工业测量系统中；机器人技术应用于施工测量自动化；传感器技术和激光技术、计算机技术促进了测量仪器的自动化等。由此可见，这些新技术、新理论不断充实着测绘学科，成为测绘学不可缺少的内容，同时也促进了这些学科本身的发展和应用。

第二节 测绘的基础知识

一、地球在测绘中的描述

（一）地球椭球体

地球椭球是地球的数学模型，其形状和大小只反映地球的基本几何特性，从几何和物理两个方面来研究地球，仅有这两个参数是不够的，还需要引入一些物理参数用于描述和研究地球物理相关特性。物理大地测量使人类对地球形状的认识产生了一次飞跃，即将椭球面推向大地水准面的新阶段。

1. 地球椭球及其常用坐标系统

地球椭球普遍指大地体几何性质和物理性质的某种数学近似，而经典几何大地测量中地球椭球特指定位定向后的旋转椭球。

大地测量常数是指与地球几何表面和特定物理属性最吻合的地球椭球参数，是定义和建立大地测量系统的重要参数。地球椭球的几何和物理属性可由 4 个基本常数确定：赤道半径、地心引力常数（包含大气质量）、地球动力形状因子、地球自转角速度。这 4 个基本常数通常称为大地测量基本常数。

2. 地球椭球的正常重力和正常重力位

地球重力位、重力以及大地水准面的形状等都是不规则的。由于地球真实形状及其内部质量分布均未知，致使地球重力场中的许多问题难以直接研究，如计算重力位、求定大地水准面形状等。大地测量学或地球物理学等学科要解决的恰恰是其反问题，即要通过重力位或大地水准面去确定地球形状或地球内部质量分布。为此，需引进一个函数关系简单且非常接近地球重力场的辅助重力位，称为正常重力位，对应的重力场称为正常重力场。将一个形状规则、密度已知的自转质体作为实际地球的近似，该质体被称为正常地球。正常地球满足以下基本条件：①已知形状及质量分布，正常重力位及正常重力与实际尽量接近；②其表面应为正常重力位水准面；③正常地球的选取因研究目的不同而不同，正常重力场与正常地球的选取有关。

3. 椭球面上的曲率半径

在地球椭球面上进行各种计算时，会用到椭球面上有关曲线的性质。过椭球面任意一点可作一条垂直于椭球面的法线，包含该法线的平面称为法截面，法截面与椭球面的交线称为法截线。研究法截线的性质是椭球几何学的重要内容，其中法截线曲率半径便是一个基本内容。

过椭球面一点存在无穷多个法截面，相应地有无穷多条法截线。椭球面上的法截线曲率半径不同于球面上的法截线曲率半径都等于圆球半径，其不同方向法截弧的曲率半径都不相同。

（二）测绘系统与测绘基准

大地测量系统规定了大地测量的起算基准、尺度标准及其实现方式，包括理论、模型和方法，是一个总体概念，大地测量参考框架则是大地测量系统的具体应用形式。大地测量系统包括坐标系统、高程系统、深度基准和重力参考系统。我国目前采用的测绘基准主要包括大地基准、高程基准、深度基准和重力基准。与大地测量系统相对应的大地参考框架有坐标（参考）框架、高程（参考）框架和重力测量（参考）框架 3 种。

1. 大地坐标系统与大地基准

（1）大地坐标系统

大地坐标系统是用来表述地球上点的位置的一种地球坐标系统，它将接近地球整体形状的椭球作为点的位置及其相互关系的数学基础。大地坐标系统的 3 个坐标是大地经度、大地纬度、大地高。中华人民共和国成立以来，我国先后采用了北京坐标系和西安坐标系。随着社会的进步，经济建设、国防建设、社会发展、科学研究等对国家大地坐标系提出了新的要求，迫切需要采用原点位于地球质量中心的坐标系统（以下简称地心坐标系）作为国家大地坐标系。地心坐标系的利用有利于采用现代空间技术对坐标系进行维护和快速更新，测定高精度三维坐标，提高测图工作效率。经中华人民共和国国务院（以下简称国务院）批准，我国全面启用国家大地坐标系，原国家测绘地理信息局授权组织实施。目前，我国已经全面推广使用国家大地坐标系（CGCS）。国家大地控制网是定义在 TTRS2000 地心坐标系统中的区域性地心坐标框架。区域性地心坐标框架一般由三级构成：第一级为连续运行基准站构成的动态地心坐标框架，它是区域性地心坐标框架的主控制；第二级是与连续运行基准站定期联测的大地控制点构成的准动态地心坐标框架；第三级是加密大地控制点。

大地坐标系主要用于描述物体在地球上的位置或在近地空间的位置。根据坐标原点所处的位置不同，大地坐标系可分为参心坐标系（以参考椭球的中心为坐标原点）和地心坐标系（以地球质心为坐标原点）。参心坐标系是我国基本测图和常规大地测量的基础。地心坐标系是为满足远程武器和航空航天技术发展需要而建立的一种大地坐标系统。

（2）大地基准

大地基准是建立大地坐标系统和测量空间点大地坐标的基本依据。我国目前大多数地区采用的大地基准是西安坐标系。其大地测量常数采用国际大地测量与地球物理联合会第 16 届大会推荐值，大地原点设在陕西省泾阳县永乐镇。国家大地坐标系是全球地心坐标系在我国的具体体现。

我国目前已完成全国一、二等天文大地网的布测和平差工作，建成了由 4.8 万个点组成的国家平面控制网，建立了 1980 国家大地坐标系——西安坐标系。与北京坐标系相比，国家大地坐标系精度明显提高。

我国建成了国家高精度 GPS A、B 级网，实现了二维地心坐标的全国覆盖，精度比之前国家平面控制网提高了两个数量级，标志着我国空间大地建设进入一个崭新阶段。

2. 高程系统与高程基准

（1）高程系统

高程系统是相对于不同性质的起算面（如大地水准面、似大地水准面、椭球面等）所定义的高程体系。

大地水准面与正高。设想一个与静止的平均海水面重合并延伸到大陆内部的、包围整个地球的封闭的重力位水准面，其被称为大地水准面。地面一点沿该点的重力线到大地水准面的距离称为正高。大地水准面是正高的起算面。

似大地水准面和正常高。从地面一点沿正常重力线按正常高相反方向量取至正常高对应端点所构成的曲面称为似大地水准面。地面一点沿正常重力线到似大地水准面的距离称为正常高。

大地高。从地面点沿法线到所采用的参考椭球面的距离称为大地高。

高程异常。似大地水准面到参考椭球面距离之差称为高程异常，记为ζ。大地水准面到参考椭球面距离之差称为大地水准面差距，记为N。设地面某一点的大地高为H大地，正高为h正高，正常高为h正常高、大地水准面差距为N、高程异常为ζ，则有

$$H_{大地}=h_{正高}+N=h_{正常高}+\zeta$$

我国采用的是正常高系统，为获取大地高必须按一定分辨率精确求定高程异常ζ，该项工作称为似大地水准面精化。

（2）高程基准

要布测全国统一的高程控制网，首先必须建立一个统一的高程基准面，所有水准测量测定的高程都以这个面为起算，也就是将高程基准面作为零高程。长期观测海水面水位升降的工作称为验潮，进行这项工作的场所称为验潮站。各地的验潮结果表明，不同地点平均海水面之间还存在着差异。因此，对于一个国家来说，只能将根据一个验潮站的数据所求得的平均海水面作为全国高程的统一起算面——高程基准面。

中华人民共和国成立后，总参测绘局确定了基本验潮站应具备的条件。1957年，中国大地测量法式会选定青岛验潮站作为中国基本验潮站。青岛验潮站地处我国海岸线的中部，位置适中，而且其所在的港口是有代表性的规律性半日潮港，避开了江河入海口，外海海面开阔，无密集岛屿和浅滩，海底平坦，水深在10m以上，验潮井建在地质结构稳定的花岗石基岩上。根据该站1950至1956年间的潮汐资料推求的平均海水面作为我国的高程基准面，将以此高程基准面为我国统一起算面的高程系统称为“1956年黄海高程系”。“1956年黄海高程系”高程基准面的确立，对统一全国高程具有重要的历史意义，对国防、经济建设、科学研究等都起了重要的作用。但从潮汐变化周期来看，确立“黄海高程系统”的平均海水面所采用的验潮资料时间较短，还不到潮汐变化的一个周期（一个周期一般为18.61年），同时又发现验潮资料中含有粗差，因此有必要确定新的国家高程基准。

新的国家高程基准面根据青岛验潮站1952年至1979年间的验潮资料计算确

定，将这个高程基准面作为全国高程的统一起算面，称为“1985 国家高程基准”。在“1985 国家高程基准”系统中，我国水准原点的高程为 72.260m。高程基准是建立高程系统和测量空间点高程的基本依据。“1985 国家高程基准”已经获得国家批准，并开始使用，以后凡涉及高程基准时，一律由原来的“1956 年黄海高程系”改用“1985 国家高程基准”。由于新布测的国家一等水准网点以“1985 国家高程基准”起算，因此以后凡进行各等级水准测量、三角高程测量及各种工程测量时，应尽可能与新布测的国家一等水准网点联测。如不便联测，可在“1956 年黄海高程系”的高程值上改正一固定数值，得到“1985 国家高程基准”下的高程值。

中华人民共和国在成立前曾将不同地点的平均海水面作为高程基准面。高程基准面的不统一使高程值比较混乱，因此在使用旧有的高程资料时，应弄清楚当时将哪里的平均海水面作为高程基准面。目前，我国常见的高程系统主要包括黄海高程系统、国家高程系统、吴淞高程系统和珠江高程系统 4 种，4 套高程系统的换算关系为：黄海高程 = 国家高程基准 +0.029（m），黄海高程 = 吴淞高程基准 –1.688（m），黄海高程 = 珠江高程基准 +0.586（m）。

为了长期牢固地表示高程基准面的位置，必须建立稳固的水准原点作为传递高程的起算点，用精密水准测量方法将它与验潮站的水准标尺进行联测，以高程基准面推求水准原点的高程，将此高程作为全国各地推算高程的依据。建成了总里程 9.3 万 km，包括 100 个环的国家一等水准网；建成了总里程 13.6 万 km 的国家二等水准网。在上述成果的基础上建成国家高程系统，与“1956 年黄海高程系”相比，密度增加，精度提高，结构更合理。

二、平面坐标系统

（一）北京坐标系

中华人民共和国成立后，为了加速社会主义经济建设和国防建设，发展测绘事业，迫切需要建立一个参心大地坐标系。总参测绘局在有关方面的建议与支持下，鉴于当时的历史条件，采取先将我国一等锁与苏联远东一等锁相连接，然后以连接处呼玛、吉拉林、东宁基线网扩大边端点的苏联 1942 普尔科沃坐标系的坐标为起算数据，平差我国东北及东部一等锁，这样从苏联传算来的坐标系定名为北京坐标系。由此可知，我国的北京坐标系实际上是苏联 1942 普尔科沃坐标系的延伸，但我国坐标系的大地点高程与苏联坐标系的计算基准面不同，因此严格意义上来说，两者不是完全相同的大地坐标系。

北京坐标系建立后，在全国的测绘生产中发挥了巨大的作用。15 万个国家大地点以及 8 万个军控点，测图控制点均按照此坐标系统进行计算；以北京坐标系为基础的测绘成果和文档资料，已渗透到经济建设和国防建设的许多领域，特别是用它测绘的全国 1 ∶ 50000、1 ∶ 100000 比例尺地形图已经完成，1 ∶ 10000 比例尺地形图也在相当范围内得以完成。

但是北京坐标系与现代精确的参心大地坐标系相比也存在一些问题和缺点：克拉索夫斯基椭球比现代精确椭球相差过大；只涉及 2 个几何性质的椭球参数（a 和 α），满足不了当今理论研究和实际工作中所需 4 个地球椭球基本参数的要求；处理重力数据时采用的是赫尔默特 1901—1909 年正常重力公式，与之相应的赫尔默特扁球不是旋转椭球，它与克拉索夫斯基椭球不一致；对应的参考椭球面与我国大地水准面存在着自西向东明显的系统性倾斜，在东部地区高程异常，最大达到 +65m，全国范围平均 +29m ；椭球定向不明确，椭球短轴的指向既不是国际协议原点，也不是我国地极原点；起始子午面也不是国际时间局 BIH 所定义的格林尼治平均天文台子午面，给坐标换算带来一些不便和误差；坐标系未经整体平差而仅是局部平差成果，点位精度不高，也不均匀；坐标系名不副实，容易引起一些误解。

（二）西安大地坐标系

1978 年，我国国家测绘总局与总参谋部测绘局在西安召开了全国天文大地网整体平差会议，参加会议的专家学者对建立我国新的大地坐标系做了充分的讨论和研究，认为北京坐标系在技术上存在椭球参数不够精确，参考椭球与我国大地水准面拟合也不好等缺点。因此，建立我国新的大地坐标系是必要的。在这次会议上，与会专家明确了以下原则。

全国天文大地网整体平差要在新的参考椭球面上进行。为此，需要首先建立一个新的大地坐标系，对应于一个新的参考椭球，并命名该坐标系为西安大地坐标系。即将建立的西安大地坐标系原点应建在我国的中部，并具体定在陕西省西安市泾阳县永乐镇。

同意采用国际大地测量与地球物理联合会推荐的地球参考椭球 4 个基本常数，并根据基本常数推算地球扁率、赤道正常重力值和正常重力公式的各项常数。

西安大地坐标系的椭球短轴平行于由地球质心指向我国协议地极原点JYD1968.0的方向，起始大地子午面平行于格林尼治平均天文台子午面。

椭球定位参数以我国范围内高程异常平方和最小条件求定。

考虑经典大地测量和空间大地测量的不同需求，本着独立自主、自力更生、有利保密、方便使用的原则，分别建立两套坐标系，即西安大地坐标系和地心坐标系。前者根据定位条件，属参心坐标系，应该保持其在相当长的时期中稳定不变，供全国各部门使用；后者在西安大地坐标系的基础上，通过精确求定坐标转换参数，换算成地心坐标，以满足我国远程武器和空间技术发展的需要。地心坐标转换参数，可随着测绘技术的不断发展，综合利用天文、大地、重力和空间大地测量技术的资料而不断精化。

会后，有关部门根据上述原则，建立了西安大地坐标系。由于我国自己定义的地极原点是JYD1968.0，不是国际协议地极原点，因此不能严格满足西安大地坐标系的起始子午面平行于格林尼治平均天文台子午面的条件，只能满足西安大地坐标系的起始子午面平行于我国起始天文子午面的要求。

将西安大地坐标系和北京坐标系相比较，前者明显优于后者。例如：前者的建立完全符合经典参心大地坐标系的原理，容易解释；地球椭球的参数个数和数值大小更加合理、准确；坐标轴指向明确；椭球面与大地水准面获得了较好的密合，全国平均差值由北京坐标系的29m减小到10m，最大值出现在西藏西北角，全国广大地区多数在15m以内。此外，由于严格按投影法进行观测数据归算，全国统一整体平差，消除了分区平差不合理的影响，提高了平差结果的精度，因此用西安大地坐标系通过数学模型转换得到的地心坐标的精度有所提高。

建立西安大地坐标系后，带来了一些新问题：原来的各种有关地球椭球参数的用表均要做相应的变更，低等点要重新平差，编纂新的三角点成果表，地形图图廓线和方里线位置发生变化；由于椭球参数和定位的改变，产生了大地网尺度的改变，引起地形图内地形、地物相关位置的改变。实际计算表明，这种改变对任何一种常用比例尺地形图来说，完全可以忽略不计。由于椭球参数与定位的改变，也引起了大地坐标的变化，产生了使用中的一些具体问题。同时，西安大地坐标系的地极原点JYD1968.0已不能适应当代建立高精度天文地球动力学参考系的要求。

（三）平面测量

1. 经纬仪的安置

用经纬仪测角时，首先应在测站点上安置仪器。经纬仪的安置包括对中和整平两项工作。

对中与整平的目的是通过平移或旋转经纬仪使仪器中心与测站点点位中心位于同一铅垂线上，并同时保持水平度盘水平。对中有用垂球对中和用光学对中器对中两种方法。整平则是借助水准管，通过升降经纬仪的脚架，或调整基座脚螺旋的高低，使水平度盘处于水平位置。

用垂球对中的基本步骤如下：①张开脚架安置在测点上方。注意架头大致水平，架头中心大致对准测站点中心。挂上垂球，平移三脚架使垂球尖大致对准测站点中心。然后连接经纬仪，并踩实三脚架，使它稳固地插入土中。②旋松连接螺旋。双手扶住基座在架头上轻轻移动仪器，使垂球尖对准测站点中心直到满足相关要求为止。然后再旋紧连接螺旋。③调整脚螺旋，使圆水准管气泡居中，粗略整平仪器。④调整脚螺旋，使管水准器气泡居中，精确整平仪器。

用光学对中器对中的基本步骤如下：①先将三脚架升到合适高度，然后在测点上方张开脚架，连接经纬仪。双手轻轻提起三脚架，眼睛同时通过光学对中器瞄准地面，直至对中器分画板的刻画中心与测点标志中心大致相重合，然后轻轻放下三脚架并踩实。②与调节圆水准器气泡居中一样。调节脚螺旋使测站点标志中心与对中器分画板的刻画中心重合。③根据圆水准器气泡偏离中心位置的方向，依次升降三脚架两条腿的高度，直至圆水准器气泡基本居中。应强调的是，在升降三脚架的高度时，应保持三条腿的脚尖在地面上的位置不发生移动。④调节圆水准器气泡居中，观察测点标志中心是否与对中器分画板的刻画中心重合。当偏离较小时，可以稍许旋松连接螺旋，双手扶基座在架头上轻轻平移仪器，使测点标志中心与对中器分画板的刻画中心重合，随即旋紧连接螺旋。⑤回调整脚螺旋，使管水准器气泡居中，精确整平仪器。

2. 照准目标

测角时的照准标志，一般是竖立于地面目标点的标杆。用望远镜瞄准目标的一般步骤如下：松开照准部和望远镜的制动螺旋，通过望远镜筒上面的准星、照门粗略瞄准目标，并使目标的成像位于十字丝附近，旋紧照准部和望远镜的制动螺旋，转动物镜调焦螺旋将目标像调到最清楚；旋转照准部和望远镜微动螺旋，将十字丝对准目标的适当位置。观测水平角时，应用十字丝纵丝的中间部分平分或夹准目标，并尽量瞄准目标底部，以便削弱目标倾斜的影响。

3. 水平角测量的主要误差

水平角测量受多种误差的综合影响，主要有仪器误差、仪器安置误差、目标偏心误差、观测误差及外界条件的影响。研究这些误差的成因及性质，有助于采取适当措施来消除或减弱其对水平角的影响，从而提高测角的精度。

（1）仪器误差

仪器误差来源于仪器的制造加工和验校不完善，主要包括视准轴误差、横轴误差、竖轴误差、度盘偏心差及度盘刻画误差等。

仪器误差对于水平角测量的影响主要属于系统误差，其符号和大小具有一定的规律，因此可采取一定的措施消除或减弱其影响。例如，仪器的视准轴误差、横轴误差、度盘偏心差等对水平角的影响，在盘左和盘右观测时，其影响值的大小相等，符号相反，因此可通过盘左、盘右观测取平均值的方法消除这些误差的影响。度盘刻画误差一般很小，在多测回观测中，可通过各测回配置度盘读数来减弱其影响。

（2）仪器安置误差

仪器安置误差包括仪器对中误差和整平误差。

仪器对中时，垂球或光学对中器对中标志没有对准测站点标志中心，从而产生仪器对中误差。仪器对中误差对水平角的影响，与测站至目标间的距离成反比——距离越短，影响越大。故而在短边上测角时更应注意仪器的对中。

整平误差不能用观测方法消除，对观测水平角的影响与观测目标的倾角大小有关：当所观测目标与仪器大致同高时影响最小；随着目标倾角增大，整平误差的影响明显增大。所以观测水平角前要认真整平仪器。

（3）目标偏心误差

测角时所瞄准的目标倾斜或者目标没有准确安置在标志中心时，将产生目标偏心误差。目标偏心对测角的影响与测站至目标间的距离成反比：距离越短，影响越大。所以，照准标志必须竖直，在用标杆观测水平角时，应尽量瞄准标杆底部。或采用专用觇牌，以减少目标倾斜对水平角的影响。

（4）外界条件的影响

外界条件影响的因素很多。例如，大风会影响仪器的稳定，地面热辐射影响大气的稳定而引起物像的跳动，烈日暴晒和温度变化使水准管气泡的位置发生变化，大气的透明度和目标背景的明暗程度会影响瞄准精度，大气折射和旁折光会改变光线的方向，等等。要完全避免这些不利因素的影响是不可能的，只能采取适当的措施，选择有利的观测条件和时间，使外界因素的影响降低到最小的程度。

三、高程系统

（一）高程系统概念

地面点高程指的是地面点至一定高程基准面的垂直距离，高程是表示地面点位置三维空间信息的一个重要参数。相对于一定基准面所定义的高程体系称为高程系统。测绘工作常用的高程系统有大地高系统、正高系统和正常高系统等。大地高系统是以地球椭球体面为基准面的高程系统。大地高表示地面点沿球法线到椭球面的距离。正高系统是以大地水准面为基准的高程系统。正高表示地面点沿该点的重力线到大地水准面的距离。正常高系统是以似大地水准面为基准的高程系统。正常高表示地面点沿正常重力线到似大地水准面的距离。

大地水准面是受地球自转和地球重力场影响的地球重力等位面。似大地水准面则是基于地球正常椭球的地球正常重力场所求得的曲面，它不是重力等位面，只有几何意义，没有确定的物理意义。

似大地水准面与大地水准面很接近，但两者不相重合。由于大地水准面与地球椭球面的差距难以求得，而似大地水准面与地球椭球体面的差距可以求得，能将地面点的正常高换算到地球椭球体面，因此我国的高程采用的是依据似大地水准面所建立的正常高系统，国家高程点的高程是正常高。①

（二）绝对高程与相对高程

1. 绝对高程

绝对高程是指地面点沿正常重力线到似大地水准面的距离。

2. 相对高程

相对高程是在局部地区，当无法知道绝对高程时，假定一个水准面作为高程起算面，地面点到该假定水准面的垂直距离。

① 廖世芳，李光，陈俊任 . 测绘工程与遥感技术 [M]. 长春：吉林科学技术出版社，2023.

（三）国家高程基准

由特定验潮站在特定时期的平均海水面所确定的高程起算面和由此起算面所决定的水准原点高程称为国家高程基准。

我国的国家高程基准有 1956 年黄海高程系和 1985 年国家高程基准。

根据青岛验潮站 1950—1956 年的验潮数据所确定的黄海平均海水面所定义的高程基准，称 1956 年黄海高程系，其青岛水准原点起算高程为 72.289m。

根据青岛验潮站 1952—1979 年的验潮数据所确定的黄海平均海水面所定义的高程基准，称 1985 年国家高程基准，其青岛水准原点起算高程为 72.260m。

（四）高程测量

测量地面上各点高程的工作，称为高程测量。高程测量根据所使用的仪器和施测方法不同，有水准测量、三角高程测量、GPS 高程测量、气压高程测量以及液体静力水准测量等。目前常用的是水准测量和三角高程测量。水准测量是高程测量中最基本的和精度最高的一种测量方法，广泛应用于国家高程控制测量、工程勘测和施工测量。由于测距仪和全站仪在高程测量中得到普及，三角高程测量的精度也得以提高，也逐步被广泛采用。

1. 水准测量

（1）水准测量的仪器和工具

水准测量所使用的仪器为水准仪，工具为水准尺和尺垫。

水准仪按其精度可分为 DS05、DS1、DS3 和 DS10 等 4 个等级。建筑工程测量广泛使用 DS3 级水准仪。

水准仪的构造。根据水准测量的原理，水准仪的主要作用是提供一条水平视线，并能照准水准尺进行读数。因此，水准仪主要由望远镜、水准器及基座三部分构成。

水准尺和尺垫。水准尺是水准测量时使用的标尺。其质量好坏直接影响水准测量的精度。因此，水准尺要求尺长稳定，分画准确。常用的水准尺有塔尺和双面尺两种。

塔尺多用于等外水准测量，其长度有 3m 和 5m 两种，分成几节套接在一起。尺的底部为零点，尺上一面黑白格相间，每格宽度为 1cm，另一面为 0.5cm，每一米和分米处均有注记。

双面水准尺多用于三、四等水准测量。其长度多为 3m，且两根尺为一对。尺的两面均有刻画，一面为红白相间，称红面尺（也称辅尺）；另一面为黑白相间，称黑面尺（也称主尺），两面的刻画均为 1cm，并在分米处注记。两根尺的黑面均由零开始；而红面尺则一根尺由 4.687m 开始至 7.687m，另一根由 4.787m 开始至 7.787m。

尺垫是在转点处放置水准尺用的，它用生铁铸成，一般为三角形，中央有一突起的半球体，下方有三个支脚。使用时将支脚牢固地插入土中，以防下沉，上方突起的半球形顶点作为竖立水准尺和标志转点之用。

（2）水准仪的使用步骤

水准仪的使用步骤包括仪器的安置、粗略整平（简称粗平）、瞄准水准尺、精平和读数等。

安置水准仪。打开三脚架并使高度（与胸口同高为佳）适中，目测使架头大致水平，检查脚架伸缩螺旋是否拧紧。架腿张开的角度与地面大致成 45°，并将架腿踩入土中，使三脚架稳固。然后打开仪器箱取出水准仪，置于三脚架头上，用连接螺旋将仪器牢固地固连在三脚架上。

粗略整平。粗略整平是借助圆水准器的气泡居中，使仪器竖轴大致竖直，从而视准轴粗略水平。其操作方法与经纬仪圆水准器相同。

照准水准尺。首先进行目镜对光，使十字丝清晰。再松开制动螺旋，转动望远镜。用望远镜筒上的照门和准星瞄准水准尺，拧紧制动螺旋。然后从望远镜中观察水准尺，转动物镜对光螺旋进行对光，使目标清晰。再转动水平微动螺旋，使竖丝对准水准尺。若在照准过程中出现视差，则重复进行目镜对光和物镜对光操作，直至消除视差为止。

2. 竖直角观测

（1）竖直角测量原理

竖直角是同一竖直面内视线与水平线间的夹角。其角值为 0° ~ 90°。竖直角与水平角一样，其角值也是度盘上两个方向读数之差，但竖直角的两个方向有一个是水平方向。任何类型的光学经纬仪，制作上都要求当望远镜视准轴水平时，竖盘读数是一个固定值（0°、90°、180°、270° 4 个值中的一个）。电子经纬仪或全站仪则有竖直角和天顶距两种模式，即选择水平方向为 0° 或天顶方向为 0°。因此，在观测竖直角时，只需要观测目标点一个方向并读取竖盘读数便可算得该目标点的竖直角，而不必观测水平方向。

（2）竖直度盘

光学经纬仪的竖盘装置包括竖直度盘、竖盘指标水准管和竖盘指标水准管微动螺旋（或自动归零补偿器）。光学经纬仪的竖盘由玻璃制成，刻画的注记有顺时针方向与逆时针方向两种，盘左时起始读数为 90°。

四、地面点位的确定

（一）定位过程

地面点定位，即以某种技术过程确定地面点的位置。这是测绘工作的基本任务。一般而言，地面点的定位过程包括测绘和测设。

1. 测绘

利用测量技术手段测定地面点的空间位置，并以图像、图形或数据等信息形式表示出来的过程，称为测绘。假设有地面上 3 个点 M、N 和 P，其空间位置经测绘技术处理后用数据形式表示为 M（Xm，Ym，Hm），N（Xn，Yn，Hn），P（Xp，Yp，Hp）。

2. 测设

利用测量技术手段把设计拟定的点标定到地面上，称为测设。由于测设往往是将设计的建筑物图样标定在实地上，故亦称为放样。

（二）地面点定位元素

由于地面点的三维坐标（X，Y，H）代表着地面点的空间位置，因此称点的平面坐标（X，Y）和高程（H）为地面点的三维定位参数，其中平面坐标（X，Y）称为二维定位参数。

采用现代测量仪器和定位技术，可以直接测定地面点的三维坐标，或根据点的三维设计坐标将点标定在实地上，这种直接依据定位参数的技术称为绝对定位或直接定位。除绝对定位技术外，还常用相对定位技术。

就平面坐标而言，地面点之间是可以用一定的几何图形（如三角形、四边形或折线等）联系起来的，它们之间的联系可用构成该几何图形的图形元素来表示。因此，只要测量或测设这些地面点间所构成图形的边长和夹角，便可以确定它们之间的相对关系。而如果其中的某些点的平面位置已确定，则可依据该相对关系确定其余点的平面位置。同样，地面点间的竖直方向的相对关系为高差，依据一点的高程也可以确定另一点的竖向位置。由于使用了点与已知点的相对关系进行定位，故称此定位技术为相对定位技术。可见，在相对定位中，确定点的地面位置（测量或测设）的基本工作是角度测量、距离测量和高差测量。角度、距离和高差是地面点定位的基本定位元素，亦称为地面定位的基本观测量。

（三）定位测量基本方法

地面点定位测量，即用测量技术方法确定点的三维坐标。如上所述，由于技术条件原因，一般将平面坐标与高程分别测量。在应用 GPS 定位技术时，可以同时测定点的三维坐标。点高程的测定一般使用水准测量和三角高程测量方法。

1. 导线测量定位

依相邻次序将地面上所选的点连接成折线形式，测量各线段的边长和转折角，再根据起始数据用坐标传递方法确定各点平面位置的测量工作，称导线测量。导线测量布设灵活，要求通视方向少，边长直接测定，精度均匀，是一种应用比较广泛的平面定点定位测量方法，适合布设于建筑物密集的城市和工矿建筑区及视野不甚开阔的隐蔽区、森林区，也适于铁路、公路、隧道、渠道、输电线路等狭长地带的控制测量。随着电磁波测距仪、电子经纬仪和全站仪的普及，测角测距的精度和自动化程度的提高，导线测量已成为在中小城市、工矿区及高山地带建立平面控制和定点定位的主要方法。

（1）导线的形式

根据测区地形情况和工程建设需要，导线可布设成以下 4 种形式。

闭合导线：起讫于同一高级控制点的导线，称闭合导线。

附合导线：布设在两个高级控制点间的导线，称附合导线。

支导线：仅从一个已知控制点和一个已知方向出发，支出 1 ~ 2 个点的导线，称支导线。

导线网：由若干闭合导线和附合导线组合的闭合网形称导线网。

（2）导线测量的外业工作

导线测量外业工作包括设计选点、设立标志、边长测量、角度测量、内业计算等。

设计选点及设立标志。设计选点时应首先收集已有高级控制点坐标高程和原有地形图，在图上选择导线的走向和布设导线点位置，再到实地踏勘确定点的位置并设立标志。

保证测图和施工的需要，又满足各项技术要求，同时便于导线测量。为此，选点时要注意以下几点：①相邻导线点间通视良好，便于测角和测距（量距）；②点位应选在土质坚实、便于保存标志和安置仪器的地方；③将待连测点尽量包含于导线中；④视野开阔，便于连测或施测碎部；⑤数量足够、密度均匀、方便放样；⑥边长符合规范规定，最长不超过平均边长的两倍，相邻边长比一般不超过 1 ∶ 3。导线点选定后应在地面上设立标志，统一编号。导线点标志根据不同的保存时限可分别设置为混凝土桩或木桩。

边长测量。导线边长可用测距仪测定。由于测得的是倾斜距离，因此还须同时观测竖直角，以计算倾斜改正。当使用全站仪测距时能自动显示水平距离，无须另测竖直角。导线边长亦可用检定过的钢尺丈量。边长测量时，无论是使用测距仪还是使用钢尺，一般都应观测两个测回或往返（或同向）观测各 1 次。

角度测量。附合导线和支导线中的角度测量是观测导线的转折角，在前进方向左侧的角称左角，右侧的角称右角。闭合导线中的角度测量，观测多边形的内角。

连接角测量。导线连接角亦称导线定向角，目的是使导线与高级控制点相连接，取得坐标方位角的起算数据。

当测区内无高级控制点时，可用罗盘仪测定导线起始边的磁方位角，并假定起始点的坐标作为起算数据。

2. 交会法定位

交会法定位的方法主要有前方交会法、侧方交会法、后方交会法和边长交会法 4 种。前 3 种因只观测图形的部分内角，统称角度交会法。

3. 全站仪极坐标法定位

极坐标法定位实质上是支一个点的支导线定位。全站仪的应用使得同时观测极角和极距成为可能，给地面点定位提供了极大的便利。

第三节　测绘技术发展与应用

当今社会已进入信息时代，世界各国都把加速信息化进程视为新型发展战略。

在国家信息化的大背景下，测绘信息服务的方式和内容发生了深刻变化，并促进了测绘信息化的发展，推动测绘事业优化升级。这一过程充分发挥了测绘在国家经济建设和社会发展中的作用，同时催生了信息化测绘的新概念。现阶段的测绘科学技术学科的发展主要是以 3S[遥感（RS）、地理信息系统（GIS）和全球定位系统（GPS）] 技术为代表的现代测绘技术作支撑，发展地理空间信息的快速获取、自动化处理、一体化管理和网络化服务，以此推进信息化测绘的建设进程。

传统的测绘技术由于受到观测仪器和方法的限制，只能在地球的某一局部区域进行测量工作，而空间导航定位、航空航天遥感、地理信息系统和数据通信等现代信息技术则为我们提供了对地球整体进行观察和测绘的工具。卫星航天观测技术能采集全球性、重复性的连续对地观测数据，这类数据可用于了解和研究地球整体，就好像把地球放在实验室里一样。现代测绘高新技术日新月异的迅猛发展，使得测绘学的理论基础、测绘工程技术体系、研究领域和科学目标等正在适应新形势的需要而发生深刻的变化。GPS 等空间定位技术推动大地测量从分维式发展到整体式，从静态发展到动态，从描述地球的几何空间发展到描述地球的物理 – 几何空间，从测量地表层发展到反演地球内部结构，从局部参考坐标系中的地区性测量发展到统一地心坐标系中的全球性测量。目前而言，大地测量学已成为测绘学和地学领域的基础性学科。由于现代航天技术和计算机技术的发展，当代卫星遥感技术可以提供比光学摄影更加丰富的影像信息，因此卫星遥感技术被引入摄影测量领域，形成了航天测绘。由于应用了遥感技术，并与计算机视觉等技术交叉融合，摄影测量学已发展为以电子计算机为基础的现代图像信息学科。随着计算机地图制图和地图数据库技术的飞速发展，作为人们认知地理环境和利用地理条件的依据，地图制图学已进入数字（电子）制图和动态制图的阶段，并且成为地理信息系统的支撑技术。地图制图学已发展成为以图形和数字形式传输空间地理环境的学科。

现代工程测量学也已摆脱了单纯为工程建设服务的狭隘概念的束缚，正向着“广义工程测量学”的方向发展，即“一切不属于地球测量，不属于国家地图集的陆地测量和不属于公务测量的应用测量，都属于工程测量”。工程测量的发展可以概括为内外业一体化、数据获取与处理自动化、测量工程控制和系统行为的智能化、测量成果和产品的数字化。同样，在海洋测量中，广泛应用先进的激光探测技术、空间定位与导航技术、计算机技术、网络技术、通信技术、数据库管理技术及图形图像处理技术，使海洋测量的仪器和测量方法自动化和信息化。

测绘学科的这些变化从技术层面上影响测绘学科由传统的模拟测绘过渡到数字化测绘，例如测绘生产任务由纸上或类似介质的地图编制、生产和更新发展，到对地理空间数据的采集、处理、分析和显示，出现了“4D”测绘系列产品，即数字高程模型、数字正射影像、数字栅格地图和数字线画图。测绘学科和测绘工作正在向着信息采集、数据处理和成果应用的数字化、网络化、实时化和可视化的方向发展，生产中体力劳动得到解放，生产力得到很大程度的提高。今天的光缆通信、卫星通信、数字化多媒体网络技术可使测绘产品从单一的纸质信息转变为磁盘和光盘等电子信息，测绘生产产品分发方式从单一的邮路转到“电路”（数字通信和计算机网络、传真等），测绘产品的形式和服务社会的方式由于信息技术的支持发生了很大的变化，表现为以高新技术为支撑和动力，测绘行业和地理信息产业正成为新世纪的朝阳产业。它的服务范围正在不断扩大，不再是原来单纯从控制到测图，为国家制作基本地形图，而是扩大到国民经济和国防建设中与地理空间数据有关的各个领域。

一、卫星导航定位

（一）现代测绘基准建设

现代测绘基准（又称地理空间信息基准）是指确定地理空间信息的几何形态和时空分布的基础，反映真实世界空间位置的参考基准。它由大地测量坐标系统、高程系统／深度基准、重力系统和时间系统及其相应的参考框架组成。近年来，我国现代测绘基准的建设取得了重要进展，基于现代理念和高新技术的新一代大地坐标系已进入实用阶段。关于我国的高程基准，除了建立新的一等精密水准网作为高程参考框架外，还可借助厘米级精度（似）大地水准面形成全国统一的高程基准。因此，我国信息化测绘体系所要建立的现代测绘基准，是在多种现代大地测量技术支撑下的全国统一、高精度、地心、动态的几何–物理一体化的测绘基准。

（二）全球导航卫星系统的组建

当今世界上全球导航卫星系统除美国的GPS和俄罗斯的格洛纳斯（GLONASS）之外，现在正在建设的有欧盟的伽利略（GALILEO）和中国的北斗。近年来，后两者的建设有较大进展。

（三）卫星定位技术的研究热点

网络 RTK 和精密单点定位技术仍是当前主要的研究热点。尤其是利用网络 RTK 技术在大区域内建立连续运行基准站网系统，为用户全天候、全自动、实时地提供不同精度的定位 / 导航信息。这里主要研究其技术实现的方法。现在比较成熟的方法有虚拟基准点技术、主辅站技术及数据通信模式等。由于当前出现了多种卫星和多种传感器导航定位系统，因此产生了多模组合导航和多传感器融合导航技术。它们都是按某种最优融合准则进行最优组合，以达到提高目标跟踪精度的目的。

（四）GPS/ 重力相结合的高程测量新方法

这种新方法是在 GPS 出现之后逐渐发展到比较成熟的测定地面海拔高程（正高或正常高）的一种技术方法。GPS 可测出地面一点的大地高，如果能在同一点上获得高程异常（或大地水准面差距），那么就可很容易将大地高通过高程异常（或大地水准面差距）转换成正常高（或正高），即通常水准测量测出的海拔高程。这里的关键技术就是高精度、高分辨（似）大地水准面数值模型的确定方法。由于这种方法可以替代费时、费力、费财的几何水准测量，因此要求（似）大地水准面数值模型达到同几何水准测量相当的厘米级精度水平，这就要在其确定理论和解算方法上不断改进和完善，用于实际解算的各种观测数据要不断丰富，采用这些理论和方法，大幅提高（似）大地水准面数值模型的精度。

二、航空航天测绘

（一）高分辨率卫星遥感影像测图

高分辨率立体测绘卫星数据处理技术的突破和我国民用测绘卫星“资源三号”正式立项，表明如今卫星影像测图正在逐步走向实用化，呈现出航天与航空摄影测量并存的局面。高分辨率遥感卫星不断出现，成像方式也向多样化方向发展，如由单线阵推扫式逐渐发展到多线阵推扫成像，而更加合理的基高比和多线交会方式进一步提高了立体测图精度。通过获取大范围同轨或异轨立体影像，高分辨率遥感卫星已引起地形测量和地形测绘技术的变革。高分辨率遥感卫星数据处理技术的进展，主要包括高精度的有理函数模型求解技术、稀少地面控制点的大范围区域网平差技术、基于多基线和多重匹配特征的自动匹配技术等。高分辨率卫星遥感影像已成为我国西部 1 ∶ 50000 地形图测图困难空白区的基础地理信息的重要数据源之一。在地面无控制条件下，自动网平差技术还可以使大范围边境区域和境外地形图测绘成为现实。

（二）航空数码相机的摄影测量数据获取

传统胶片式航测相机相继停产,航空数码相机已逐渐取代此类相机,成为大比例尺地理空间信息获取的主要手段。我国自主研发的 SWDC 系列航空数码相机结束了国外数码航空相机的垄断局面，已经应用于我国基础航空摄影。该系统基于多台非量测型相机构建，经过严格的相机检校过程，可拼接生成高精度的虚拟影像，其大幅面航空数码相机的高程精度高达 1/10000。我国自主研制的 TOPDC-4 四拼数码航空摄影仪也已试验成功，并应用于我国第二次全国土地调查。

（三）轻小型低空摄影测量平台的实用化作业

轻小型低空摄影测量平台分为无人驾驶固定翼飞机、有人驾驶小型飞机、直升机和无人飞艇等几种。由于其机动灵活、经济便捷等优势得到了迅速发展，并逐步进入实用阶段。低空摄影测量平台能够实现低空数码影像获取，可以适应大比例尺测图、高精度城市三维建模以及各种工程应用的需要。目前已有部分大比例尺测图任务由它完成。特别是无人机可在超低空进行飞行作业，对天气条件的要求较宽松，且无须专用机场，可以在地震灾害应急响应的应用中展现出巨大的潜力。

（四）数字摄影测量网格的大规模自动化快速数据处理

随着航空数码相机、机载激光雷达等新型传感器迅猛发展，为有效解决海量遥感数据处理的瓶颈问题，研究人员将计算机网络技术、并行处理技术、高性能计算技术与数字摄影测量技术相结合，开发了新一代航空航天数字摄影测量数据处理平台,即数字摄影测量网格 DP Grid。该平台实现了航空航天遥感数据的自动快速处理，建立了人机协同的网络全无缝测图系统，革新了现行摄影测量的生产流程，大幅提高了人机协同的效率。目前 DP Grid 已进入实用化阶段，适应了超大范围摄影测量数据快速处理的需要。另外，像素工厂 PF、INPHO 等国外数字摄影测量平台逐步引入我国，提高了多源航空航天影像的处理能力和正射影像、数字高程模型等测绘产品的生产效率。

三、数字化地图制图与地理信息工程

（一）地图制图的数字化与一体化

地图制图生产全面完成了由手工模拟方式到计算机、数字化方式的转变，构建了地图制图与出版一体化系统，特别是结合地理信息系统软件和图形软件，形成了以符号图形为基础的地图制图系统。其技术手段主要采用全数字摄影测量技术、基于地图数据库或多种地图数字化的数字地图制图技术和数字印刷与电子出版技术。而产品形式主要有数字地图、电子地图和纸介质地图等多样产品，其服务方式是按照用户的不同需求提供多样化的产品服务。例如，除可提供以上地图产品服务之外，地图制图系统还可提供基于数字地图的各种应用信息系统。

（二）系列比例尺空间数据库的构建

目前，在我国已构建了 1 ∶ 50000 比例尺空间数据库、各种比例尺的海洋测绘数据库、1 ∶ 3000000 中国及周边地图数据库、1 ∶ 5000000 世界地图数据库，另外正在建设中的还有政府大规模数字影像数据库和各省、区、直辖市的 1 ∶ 10000 数据库以及各城市的基础地理信息数据库。这些数据库为数字中国、数字省区、数字城市等的建设奠定了坚实的基础。此外还深入研究了空间数据库的更新技术，有效地支持了数据库的更新机制，保持了它的现势性和可用性。

（三）基于网格服务的地理信息资源共享与协同工作

网格是指利用高速互联网把分布在不同地理位置的计算机组织成一台“虚拟超级计算机”，在高速互联网上实现资源共享和协同工作的一种计算环境。代理是处于某种环境中的一个封装好的计算实体，它能在该环境中灵活、主动地活动，以达到预设的目的。网格和代理的集成能实现真正意义上的跨平台、相互操作、资源共享和协同工作。网格地理信息系统对政府跨部门的综合决策，特别是应急综合决策尤其重要，无论用户在何种服务终端上都能为政府综合决策提供综合集中的地理空间信息服务和协同解决问题的功能。在地震中，可以利用灾区震前基础地理信息和灾后遥感影像，快速开发了抗震救灾综合服务地理信息平台，对灾区房屋倒塌、道路交通等基础设施损毁以及泥石流、滑坡、堰塞湖等次生灾害进行解释分析。

（四）基于“一站式”门户的地理空间信息网络自助服务系统

地理空间信息网络服务系统是一个建立在分布式数据库管理与集成基础上的“一站式”地理空间信息服务平台，面向公众提供空间信息的自主加载、查询下载、维护、统计信息及其他非空间信息的空间化、公众信息处理与分析软件的自动插入与共享等一系列服务。它基于网络地图服务和空间数据库互享操作等新技术开发而成，将分布在各地不同机构、不同系统的空间数据库在统一标准和协议下连成一个整体，采用相同的标准和协议，进行互操作，使信息共享从数据交换提升到系统集成的共享。

四、精密工程与工业测量

（一）基于卫星定位的工程控制测量

由于卫星定位具有速度快、精度均匀、无须站间通视、对控制网图形要求低等特点，已广泛应用于建立各种工程控制网，并且同高精度、高分辨率（似）大地水准面数据模型相结合，使工程控制网从二维发展到三维一体化建设，彻底改变了传统工程测量中将平面和高程控制网分别布设和多级控制的方法。

（二）城市 GPS 连续运行基准站系统的多用途实用化服务

城市 GPS 连续运行基准站系统是一个将空间定位技术、现代通信技术、计算机网络技术、测绘新技术等集成，并与测绘学、气象学、水文学、地震学、建筑学等多学科领域相融合的实用化综合服务系统，可为城市规划、市政建设、交通管理、城市基础测绘、工程测量、气象预报、灾害监测等多种行业提供导航、定位和授时等多种信息服务，实现一网多用。

（三）三维测绘技术的工程应用

三维测绘技术的主要功能是置和姿态，对目标进行三维重建，并在计算机上建立虚拟现实景观模型，真实再现目标。目前有多种三维测量仪器，其中三维激光扫描仪是近年发展起来的新型三维测绘仪器。

（四）精密大型复杂工程的施工测量新技术

近年来，我国完成了许多在世界建筑史上具有开创性意义的建筑工程。这些工程建筑物造型独特，设计新颖，结构复杂，施工困难。这对建筑施工测量技术与精度要求提出严峻的挑战，因此针对这些建筑的施工测量必须开展一系列技术开发，创造出相应的新方法，攻克大量施工技术难关。如：在国家大剧院施工测量中研制了一套复杂曲面计算程序与放样、检核方法；在奥运建筑工程“鸟巢”的施工测量中研制了超大型弯扭钢构件数据采集、三维拼装测量和高空三维定位测量等一整套测量方法；在国家游泳中心“水立方”施工测量中创造了空间无规则球形节点快速定位测量方法。这些新的施工测量技术和方法，在提高测量质量、满足施工要求、保证施工周期等方面起到突出的保障作用。

（五）精密工业测量系统的建立与应用

工业测量已成为现代工业生产中不可缺少的环节。工业测量的技术手段和仪器设备主要以电子经纬仪或全站仪、投影仪或显微投影仪、激光扫描仪等为传感器，在电子计算机和软件的支持下形成三维测量系统，按其传感器不同分为以下几类：工业大地测量系统、工业摄影测量系统、激光扫描测量系统、基于莫尔条纹的工业测量系统、基于磁力场的三维量测系统和用于空间抛物体运动轨迹测定的全球定位系统等。工业测量系统归纳起来主要应用于众多工业目标的外形、容积、运动状态测量，现在工业生产流水线上产品的直径、厚度、斑痕、平整度等的快速检测，动态目标的运动轨迹、姿态等的测定。工业测量技术设备正向着自动化、智能化和信息化的方向发展。

五、海洋与航道测绘新技术

（一）海洋与航道中的卫星定位测量

目前，以中国沿海范围内为区域的无线电指向标 / 差分全球定位系统（RBN/DGPS）已经投入使用。此系统的有效工作距离可以达到 300km，定位的精确程度可以保持在 5m 之内，很大程度上满足了沿岸海道的测量大比例尺绘图过程中导航与定位的需求。但对于要求高精度测量的区域而言，此系统依旧无法满足水位更正方式的需求。而对 GPS–PPK 技术而言，此项技术在测量时具有很高的精密程度，而且在使用过程中数据链可以不用进行实时的通信。结合在海洋测量规范的要求，在综合对设备运行的成本、测量高精度的要求、导航实时性的需求等许多实际问题考虑的前提下，进行精密海洋测绘中的定位工作需要结合 RBN/DGPS 和 GPS–PPK 技术，使用将两者相互结合的技术方案。其主要工作流程是：首先经 RBN/DGPS 系统对实时的定位导航进行系统支持，提供误差在 3m 之内的实时定位数据，之后再由双频载波对其载波的相位数据进行记录并观测所记录的相位的部分测量。

（二）水深测量

在运动平台上进行水深测量，往往会受到测量船与仪器噪声、海况和测深仪参数设置等因素影响，导致出现异常深度和虚假地形现象，因此对单波速或多波速测深技术的研究，主要集中在提高测量效率和精度以及测深数据的处理等方面，如剔除航测线数据跳点、海洋表层声速对多波速测深的影响、统计滤波估计检测海洋测深异常数据以及利用趋势面滤波法进行粗差标定等。采用这些方法可以消除不同水下地形测量的粗差，较好地保留真实水下地形信息。

（三）海洋与航道的遥感遥测技术

海洋与航道的遥感遥测技术的研究同陆地航空航天测绘技术相似。该领域的研究主要集中在该技术在海洋与航道测绘中的应用上，如水域界限的提取、海岸带监测、浅海障碍物探测、声呐图像处理、影像制图，以及航道水下地形和水文因子的实时更新、助航标志的动态变化监测等。不同的对象有不同的技术方法。另外，声呐探测及其图像分析与判读也是海洋测绘技术的重点研究方向之一。

（四）基于“数字海洋”与“数字航道”的测绘信息化服务

海洋地理信息系统是在海洋测绘、海洋水文、海洋气象、海洋生物、海洋地质等学科研究成果的基础上建立起来的面向海洋的地理信息系统。它集成了 GIS、数据库和实用数字模型等技术，可以为遥感数据、海图数据、GIS 和数字模型信息提供协调坐标、数据存储、管理和集成信息等功能。要在海洋地理信息系统上实现海洋信息服务，必须建立统一的海洋信息管理网络系统，在现有相关部门局域网的基础上，进行统一规划，实现网络互联，建立集成化的海洋信息服务门户网站，提供海洋信息的社会化、网络化的应用服务。同样，为了能够提供航道信息服务，则必须建立“数字航道”。它是以航道为对象，以地理坐标为依据，将江河干流航道及相关的附属设施，以多维、多尺度、多分辨率的信息进行描述，实现真实航道的虚拟化、数字化、网络化、智能化和可视化的规划、设计、建设、养护、管理和综合应用。

六、三维激光扫描

三维激光扫描仪是通过激光测距原理（其中包括脉冲激光和相位激光），瞬间测得空间三维坐标的测量仪器。它采用一种高精度、全自动的立体扫描技术，与常规的测绘技术不同，它主要面向高精度的三维建模与重构。资料显示，国外正向设计的三维模型仅占设计总量的40%，而逆向设计的三维模型达到60%。因此，三维激光扫描技术的应用十分广泛，这项技术是正向建模的对称应用，也称为逆向建模技术。由于该技术能将设计、生产、实验、使用等过程中的变化内容重构回来，因此可用于进行各种结构特性分析（如形变、应力、过程、工艺、姿态、预测等）、检测、模拟、仿真、虚拟现实、虚拟制造、虚拟装备等。因为价格昂贵，所以这种逆向工程目前在我国应用还处在逐步推广的阶段，我国非常多的设施、设备、生产资料、空间环境、文物古迹，以及其他无数据的目标和变换的目标都需要通过三维激光扫描技术来进行研究和应用。①

（一）三维激光扫描系统

近年来，应用于医学、工业、规划及测绘等领域的三维激光扫描设备的生产也呈现出发展高潮。国际上有多个著名的三维激光扫描仪的制造商，生产出多种型号的三维激光扫描仪。种类繁多的扫描仪虽然应用的领域、技术性能、扫描测量原理各有差异，但其作为三维激光扫描技术的基本组成部分，其实现功能是较为相近的。

地面三维激光扫描仪主要包含了以下几个部分：扫描仪，激光扫描仪本身包括激光测距系统和激光扫描系统；控制器（计算机）；电源供应系统。

三维激光扫描仪的配置主要包括一台高速精确的激光测距仪、一组可以引导激光并以均匀角速度扫描的反射棱镜。其中，部分仪器具有内置的数码相机，可直接获得目标对象的影像。

三维激光扫描仪的基本原理：三维激光扫描仪是采用非接触式高速激光测量的方法，通过点云的形式来表现目标物体表面的几何特征；三维激光扫描仪由自身发射激光束到旋转式镜头中心，镜头通过快速、有序地旋转用激光依次扫描被测区域，若接触到目标物体，光束则立刻反射回三维激光扫描仪，内部微电脑则通过计算光束的飞行时间来计算激光光斑与三维激光扫描仪两者间的距离。同时，

① 许梁．基于三维激光扫描技术的结构检测方法研究 [D]. 济南：山东建筑大学，2024.

三维激光扫描仪通过内置的角度测量系统来量测每一束激光束的水平角和竖直角，以便获取每一个扫描点在扫描仪所定义的坐标系统内的 x、y 及 z 的坐标值。三维激光扫描仪在记录激光点的三维坐标的同时也会对激光点位置处物体的反射强度进行记录，将其称为“反射率”。

三维激光扫描仪的测距模式：主要有脉冲测量模式与基于相位差的测量模式两种。脉冲激光测距利用发射和接收激光脉冲信号的时间差来实现对被测目标的距离测量，测距远、精度低；相位式激光测距利用发射连续激光信号和接收之间的相位差所含有的距离信息来实现对被测目标距离的测量，测距精度高。

三维激光扫描仪的扫描方式：与测绘单位使用的免棱镜全站仪一样，三维激光扫描系统发射一束激光脉冲产生的一次回波信号只能获得一个激光脚点的距离信息。获得一系列连续的激光脚点的距离信息，必须借助专用的机械装置，采用扫描方式进行测量。当前，三维激光扫描系统常用的扫描方式有线扫描、圆锥扫描、纤维光学阵列 3 种。

（二）三维点云数据处理

点云数据去噪：在三维点云数据处理中，人机交互的方法是用来处理三维点云数据中杂点的最简单的方法。操作人员首先通过软件显示出图形，找出明显的坏点，并删除它们。但是在点云数据量特别大的情况下，该方法并不适用。点云数据根据其排列形式可以分为：陈列数据，即行列分布都是均匀的，且排列有序；部分散乱数据，由于扫描时按线扫描，所以数据点基本上位于同一等截面线上；完全散乱的点云数据，由于扫描时完全无组织、无规律，所以出现完全散乱的点云数据。

随着三维激光扫描技术的不断发展及广泛应用，目前许多学者已对这种散乱无序的点云数据的去噪进行了大量的研究，虽不太成熟，但也取得了一定的成果。对于散乱点云数据的去噪一般有两种方式：第一种，直接作用于点云数据中的点；第二种，首先网格化，然后进行网格分析，进而去除不合格的顶点，从而实现去噪平滑的目的。由于完全散乱的点云数据之间不存在拓扑关系，因而目前所提出的网格去噪光顺方法不能简单地应用于数据。由于完全散乱点云数据的去噪处理相对困难，因此其相应的光顺算法也较少。目前主要采用的方法有以下几种。

操作人员直接判断特别异常的点，并手动删除。但在数据量特别大的情况下，这种方法就很不科学，所以意义不大。

高斯滤波、平均滤波或中值滤波算法去噪。高斯滤波器在指定域内的权重服从高斯分布，其平均效果较小，因而在滤波的同时可以较好地保持点云数据的形貌；平均滤波器采用的数据点是窗口中所有点云数据的平均值；而中值滤波器则使用窗口内各点的统计中值作为数据点，中值滤波器对消除点云数据毛刺有较好的效果。

曲线分段去噪。该方法的原理是基于曲率的变化，该算法需要找到分段点，寻找的方法是依据曲率的变化，对于每一个分段区间，进行各自的曲线拟合，根据扫描线来一行一行地进行去噪处理，极大地提高了删除测量误差点的准确度，从而使拟合后的曲线的光滑性和真实性大大增强。曲线分段去噪法主要适用于曲率变化较小的情况。

角度法去噪。角度法的基本原理是计算沿扫描线方向的检查点与检查点的前后两点所形成的夹角，如果此夹角小于一个阈值，则此检查点就被认定为是一个三维激光扫描数据噪点。

（三）点云数据的压缩

随着三维激光扫描仪的性能越来越好，外业实测的效率得以提高，在很短的时间内就可以获取大量的、密集的点云数据。然而，直接使用庞大的原始点云数据进行模型的曲面重建是很不现实的。一方面，过多的点云数据在存储过程中需要耗费大量的空间，从而生成目标物体曲面模型时需要运行很长的时间，降低了计算机的运行效率，甚至导致计算机无法运行；另一方面，过多的、密集的点云数据会影响目标物体曲面重构的光顺，然而，模型的光顺性在满足生成需求中具有非常重要的作用。因此，提取出点云数据中显示物体特征的特征点，删除其中大量的坏点，精简点云数据有助于模型的重建，既可以提高建模的效率，又可以提高建模的质量。目前，点云数据的精简压缩是逆向工程的一项关键技术。

近年来，国内外的许多学者对点云数据的精简压缩进行了大量的研究，并取得了一定的成果。他们提出的点云精简算法虽然在“既保留特征点又去除冗余点”方面难以做到完全兼顾，但也取得了良好的效果。下面对这些成果进行简要介绍和点评。

1. 角度法

角度法的基本原理很简单，即先选取点云数据中的三个邻近点 a、b 及 c；然后获取中间点 b 与 a、c 两点连线之间的夹角，再将此夹角与设定的门限值进行比较，从而精简掉冗余数据。该方法实现简单，点云数据的处理效率也较高，不足之处在于难以识别点云数据中的特征点。基于此，王志清等对角度法进行了改进，提出了一种更优的方法，即角度偏差迭代法。该方法既保留了角度法的优点，处理效率高，又弥补了它的缺点，增强了它的特征识别能力。角度偏差迭代法的特点在于它的角度门限值及参与计算夹角的点云数据点数是逐渐减少的，而不是一成不变的。角度偏差迭代法的不足之处在于点云数据的自动化水平不高，在整个处理过程中，人工干预过多。另外，包围盒法和角度－弦高法相结合也是在此基础上发展而成的。

2. 均匀网格法

马丁等提出的均匀网格法在图像处理中已得到了广泛应用，该方法是基于“中值滤波”原理提出的。均匀网格法首先需要在垂直于扫描方向的平面上确立一系列均匀的小方格，然后将点云数据中的每个点都对应分配给其中的一个小方格，并将其与小方格的距离。最后根据这个距离的大小重新依序排列每个小方格中所有的点数据，让中间值的点数据代表此格中所有的点云数据点，删除其余的。均匀网格法的优点在于能精简扫描方向垂直于扫描目标表面的单块点云数据，并克服了样条曲线的限制。但它有一个明显的缺点，就是对目标物的形状特征识别能力较弱，容易丢失目标物体形状急剧变化处的点云数据特征点，因为均匀网格法使用的是大小均匀的网格，并没有考虑目标物体的形状。

3. 三角网格法

三角网格法首先是将点云数据点三角网格化，然后将数据点所在的三角面片法向量和邻近的三角面片法向量进行对比，利用向量的加权算法，在比较平坦的区域中，用大的三角面片代替小的三角面片，从而删除相对多余的点云数据，来达到精简的目的。三角网格法由于要对点云数据进行三角网格化处理，因此对于点云数据特别散乱的数据不太适用。复杂平面和散乱点云的三角网格化处理非常困难，效率不高，因此三角网格法在实际应用中受到了一定的限制。

第二章　测绘数据处理

第一节　测量误差及其特性

一、测量误差的来源与分类

（一）测量误差的来源

由于测量（观测）工作受多种因素的影响，观测成果不可避免地存在误差，这只需要对某量进行多次重复观测，从其一系列不同的观测结果中，就能得到证实。随着科学技术不断发展，人们将能够把测量误差控制得越来越小，但却不能完全消除，因此我们有必要对测量误差进行研究，以便设法消除或减弱其影响，从而提高观测成果的质量。测量误差产生的原因是多方面的，概括起来有测量仪器不够完善、测量者感觉器官的限制以及环境因素的影响等 3 个方面。

测量仪器。测量工作需要利用测量仪器进行。由于每一种仪器的精密度具有局限性，因而观测值的精度受到了一定的限制，如在用只刻有厘米分划的普通水准尺进行水准测量时，就难以保证在估读厘米以下的尾数时完全正确无误。同时，仪器本身制造上也有一定的误差，例如，水准仪的视准轴不平行于水准管轴，水准尺有分划误差等。因此，使用这样的水准仪和水准尺进行观测，水准测量结果就会产生误差。

观测者。由于观测者感觉器官的鉴别能力有一定的局限性，因此在仪器的安置、照准、读数等方面都会产生误差。同时，观测者的工作态度和技术水平，也是对观测成果质量有直接影响的重要因素。

外界条件。观测时所处的外界条件，如温度、湿度、风力、大气折光等各种因素都会对观测结果直接产生影响。同时，随着温度的高低、湿度的大小、风力的强弱以及大气折光的不同，它们对观测结果的影响也随之不同，因而在客观环境下进行观测，必然使观测的结果产生误差。

上述仪器、观测者、外界条件等 3 个方面的因素统称为观测条件。不难想象，观测条件的好坏与观测成果的质量有着密切的联系。观测条件好一些，观测中所产生的误差通常而言就可能相应地小一些，观测成果的质量就会高一些。反之，观测条件差一些，观测成果的质量就会差一些。可以说，观测成果的质量高低客观地反映了观测条件的优劣。但是，不管观测条件如何，在整个观测过程中，由于受到上述种种因素的影响，观测的结果都会产生这样或那样的误差。从这一意义上来说，在测量中产生误差是不可避免的。当然，在客观条件允许的限度内，测量工作者可以而且必须确保观测成果具有较高的质量。

（二）测量误差的分类

根据测量误差对观测结果的影响性质，我们可将观测误差分为系统误差和偶然误差、粗差 3 种。

系统误差：在相同的观测条件下进行一系列的观测，如果误差在大小、符号上表现出系统性，或者在观测过程中按一定的规律变化，或者为某一常数，那么，这种误差就称为系统误差。例如，用具有某一尺长误差的钢尺量距时，由尺长误差所引起的距离误差与所测距离的长度成正比地增加，距离越长，所积累的误差也越大。

偶然误差：在相同的观测条件下进行一系列的观测，如果误差在大小和符号上都表现出偶然性，即从单个误差看，该列误差的大小和符号没有规律性，但就大量误差的总体而言，具有一定的统计规律，这种误差称为偶然误差。例如，在用经纬仪测角时，测角误差是由照准误差、读数误差、外界条件变化所引起的误差、仪器本身不完善而引起的误差等综合的结果。而其中每一项误差又是由许多偶然（随机）因素所引起的小误差的代数和。而每项微小误差又随着偶然因素的影响不断变化，其数值忽大忽小，其符号或正或负，这样，由它们所构成的总和，就其个体而言，无论是数值的大小或符号的正负都是不能事先预知的。因此，我们把这种性质的误差称为偶然误差。如果各个误差项对其总和的影响都是均匀地小，即其中没有一项比其他项的影响占绝对优势时，那么它们的总和将是服从或近似地服从正态分布的随机变量。因此，偶然误差就其总体而言，都具有一定的统计规律，故有时我们又把偶然误差称为随机误差。

粗差：在测量工作的整个过程中，除了上述两种性质的误差以外，还可能发生错误，称为粗差。错误大多是由于工作中的粗心大意造成的。错误的存在不仅影响测量成果的可靠性，而且可能造成返工浪费，给工作带来难以估量的损失。因此，必须采取适当的方法和措施，保证观测结果中不存在错误。一般来说，错误不算作观测误差。系统误差与偶然误差在观测过程中总是同时产生的，当观测值中有显著的系统误差时，偶然误差就居于次要地位，观测误差就呈现出系统的性质。反之，即呈现出偶然的性质。

系统误差对于观测结果的影响一般具有累积的作用，它对成果质量的影响也特别显著。在实际工作中，我们应该采用各种方法来消除系统误差，或者减小其对观测成果的影响，达到实际上可以忽略不计的程度。例如：在进行水准测量时，应使前后视距相等，以消除由于视准轴不平行于水准轴对观测高差所引起的系统误差；对量距用的钢尺应预先进行检定，求出尺长误差的大小，对所量的距离进行尺长改正，以消除由于尺长误差对量距所引起的系统误差等，都是消除系统误差的方法。

当观测列中已经排除了系统误差的影响，或者与偶然误差相比已处于次要地位，则该观测列中主要是存在着偶然误差。

由于观测结果不可避免地存在偶然误差的影响，因此，在实际工作中，为了提高成果的质量，同时也为了检查和及时发现观测值中有无错误存在，通常要使观测值的个数多于未知量的个数，也就是要进行多余观测。例如：对一条导线边，丈量一次就可得出其长度，但实际上总要丈量两次或两次以上；一个平面三角形，只需要观测其中的两个内角，即可决定它的形状，但通常是观测三个内角。由于偶然误差的存在，通过多余观测可以发现在观测结果之间的不一致，或不符合应有关系而产生不符值。因此，必须对这些带有偶然误差的观测值进行处理，使得消除不符值后的结果是观测量的最可靠的结果。①

二、偶然误差分布

任何一个观测量，客观上总是存在一个能代表其真正大小的数值。这一数值就称为该观测量的真值。

设进行了 n 次观测，其观测值为 L_1，L_2，$\cdots$，L_n 假定观测量的真值 $\tilde{L}$ 为由于

① 琚芳芳，翟全德，秦星敏．测绘学基础 [M]. 武汉：中国地质大学出版社 ,2020.

各观测值都带有一定的误差，因此，每一观测值与其真值 $\tilde{L}$ 或 $E(L_i)$ 之间必存在一差数，设为：$\Delta_i=L_i-\tilde{L}$。式中，Δ_i 称为真误差，有时简称为误差。

前面已经指出，就单个偶然误差而言，其大小或符号没有规律性，即反映出一种偶然性（或随机性）。但就其总体而言，呈现出一定的统计规律性，并且显现它是服从正态分布的随机变量。人们从无数的测量实践中发现，在相同的观测条件下，大量偶然误差的分布也表现出一定的统计规律性。下面通过实例来说明这种规律性。

某测区，研究人员在相同的条件下独立地观测了 358 个三角形的全部内角，由于观测值带有误差，故三内角观测值之和不等于其真值 180°，根据上式，各个三角形内角和的真误差可由 $\Delta_i=(L_1+L_2+L_3)_i-180°$ （i=1，2，…，358）算得，其中 $(L_1+L_2+L_3)_i$ 表示各三角形内角和的观测值。现取误差区间的间隔 dΔ 为 0.20"，将这一组误差按其正负号与误差值的大小排列；统计误差出现在各区间内的个数 v_i，以及“误差出现在某个区间内”这一事件的频率 $\frac{v_i}{n}$（此处 n=358），其结果列于表 2–1 中。

表 2–1　三角形闭合差分布表

误差的区间	Δ_i 为负值			Δ_i 为正值			备注
	个数 V_i	频率 $\frac{v_i}{n}$	$\frac{v_i}{n}$ dΔ	个数 V_i	频率 $\frac{v_i}{n}$	$\frac{v_i}{n}$ dΔ	
0.00~0.20	45	0.126	0.630	46	128	0.640	
0.20~0.40	40	0.112	0.560	41	115	0.575	
0.40~0.60	33	0.092	0.460	33	0.092	0.460	
0.60~0.80	23	0.064	0.320	21	0.059	0.295	dΔ=0.2； 等于区间左端值的误差算入该区间内
0.80~1.00	17	0.047	0.235	16	0.045	0.225	
1.00~1.20	13	0.036	0.180	13	0.036	0.180	
1.20~1.40	6	0.017	0.085	5	0.014	0.070	
1.40~1.60	4	0.11	0.055	2	0.006	0.030	
1.60 以上	0	0	0	0	0	0	
Σ	181	0.505		177	0.495		

从表 2–1 中可以看出，误差的分布情况具有以下性质。

误差的绝对值有一定的限值。

绝对值较小的误差比绝对值较大的误差多。

绝对值相等的正负误差的个数相近。

误差分布的情况，除了采用上述误差分布表的形式表达外，还可以利用图形来表达。例如，以横坐标表示误差的大小，纵坐标代表各区间内误差出现的频率除以区间的间隔值，即 $\frac{v_i/n}{d\Delta}$（此处间隔值均取为 dΔ=0.20"）。根据表 2–1 的数据绘制出图 2–1。可见，此时图中每一误差区间上的长方条面积就代表误差出现在该区间内的频率。例如，图 2–1 中画有斜线的长方条面积，就是代表误差出现在 0.00" ~ +0.20" 区间内的频率 0.128。这种图通常称为直方图，它形象地表示了误差的分布情况。

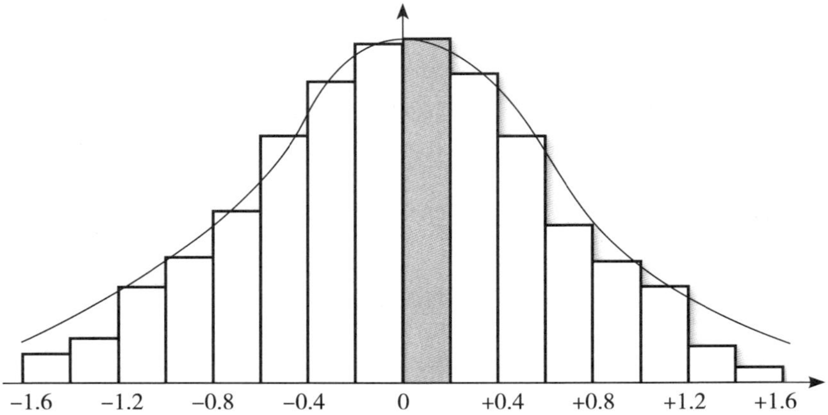

图 2–1　误差分布曲线示意图

在 $n\rightarrow\infty$ 的情况下，由于误差出现的频率已趋于完全稳定，如果此时把误差区间间隔无限缩小，则可想象到，图 2–1 中各长方条顶边所形成的折线将分别变成如图 2–2 所示的光滑曲线。这种曲线也就是误差的概率分布曲线，或称为误差分布曲线。由此可见，偶然误差的频率分布，随着 n 的逐渐增大，都是以正态分布为其极限的。通常也称偶然误差的频率分布为其经验分布，而将正态分布称为它们的理论分布。因此，在以后的理论研究中，都是以正态分布作为描述偶然误差分布的数学模型，这不仅可以带来工作上的便利，而且基本上符合实际情况。

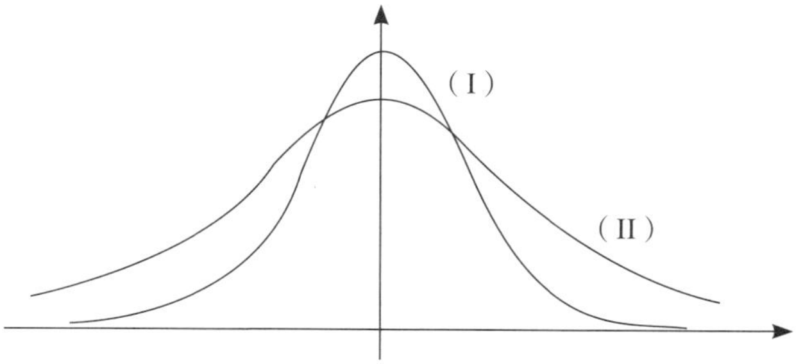

图 2-2　不同方差的误差分布曲线

通过以上讨论，我们还可以进一步用概率的术语来概括偶然误差的几个特性。

在一定的观测条件下，误差的绝对值有一定的限值，或者说，超出一定限值的误差，出现的概率为零。

绝对值较小的误差比绝对值较大的误差出现的概率大。

绝对值相等的正负误差出现的概率相同。

偶然误差的数学期望（算术平均值）为零，即：

$$E(\Delta)=E[L-E(L)]=E(L)=E(L-\tilde{L})=E(L)=0$$

换句话说，偶然误差的理论平均值为零。

对于一系列的观测而言，不论其观测条件是好是差，也不论是对同一个量还是对不同的量进行观测，只要这些观测是在相同的条件下独立进行的，则所产生的一组偶然误差必然都具有上述的 4 个特性。前面讲过，图 2-1 中各长方条的纵坐标为 $\frac{v_i / n}{\mathrm{d}\Delta}$，其面积即为误差出现在该区间内的频率。如果将这个问题提到理论上来讨论，则以理论分布取代经验分布（图 2-2），此时，图 2-1 中各长方条的纵坐标就是 Δ 的密度函数 $f(\Delta)$，而长方条的面积为 $f(\Delta)d(\Delta)$，即代表误差出现在该区间的概率，即：$P(\Delta)=f(\Delta)d(\Delta)$。其概率密度式为：$f(\Delta)=\frac{1}{\sqrt{2\pi\sigma}}\exp(\frac{\Delta^2}{2\sigma^2})$。式中，$\sigma$ 为中误差。当上式中的参数 σ 确定后，即可画出它所对应的误差分布曲线。由于 $E(\Delta)=0$，因此该曲线是以横坐标为 0 处的纵轴为对称轴。例如，图 2-2 中就是表示 σ 不相等时的两条曲线。由上述讨论可知，偶然误差 Δ 是服从 $N(0, \sigma^2)$ 分布的随机变量。

第二节　精度指标及误差传播定律

一、衡量精度指标

为了衡量观测值的精度高低，我们可以按上文提到的方法，把在一组相同条件下得到的误差，用组成误差分布表、绘制直方图或画出误差分布曲线的方法来比较。但在实际工作中，这样做比较麻烦，有时甚至很困难。人们通常还需要以具体数值的形式对精度进行量化，这种数值应该能够反映误差分布的密集或离散的程度，即应能够反映其离散度，因此称为衡量精度的指标。衡量精度的指标有很多种，下面介绍几种常用的精度指标。①

（一）方差和中误差

由上一节知，σ 对应着不同形状的分布曲线，σ 越小，曲线越陡峭；σ 越大，则曲线越平缓。由此可见，σ 的大小可以反映精度的高低。故常用误差 σ 作为衡量精度的指标。

如果在相同的条件下得到了一组独立的观测误差，根据定积分的定义可以定出：

$$\sigma^2=D(\Delta)=E(\Delta^2)\int_{-\infty}^{+\infty}\Delta^2 f(\Delta)\,\mathrm{d}\Delta=\lim_{n\to\infty}\sum_{k=1}^{n}\Delta_k^2 f(\Delta_k)\,\mathrm{d}\Delta$$

$$=\lim_{n\to\infty}\sum_{k=1}^{N}\frac{v_k\Delta_k^2}{n}=\lim_{n\to\infty}\sum_{k=1}^{n}\frac{\Delta_k^2}{n},$$

即 $\sigma^2=D(\Delta)=E(\Delta^2)=\lim\limits_{n\to\infty}\frac{[\Delta\Delta]}{n}$，$\sigma=\lim\limits_{n\to\infty}\frac{[\Delta\Delta]}{n}$

即方差为真误差平方（Δ^2）的数学期望，就是 Δ^2 的理论平均值。在分布律为已知的情况下，它是一个确定的常数。方差（σ^2）和中误差（σ），分别是 $\frac{[\Delta\Delta]}{n}$ 和 $\sqrt{\frac{[\Delta\Delta]}{n}}$ 的极限值，它们都是理论上的数值。但是，实际观测个数 n 总是有限的，由有限个观测值的真误差只能求得方差和中误差的估（计）值。方差（σ^2）和中误差（σ）

① 徐成业，汤玉兵，马玉江．测绘工程技术研究与应用 [M]. 北京：文化发展出版社，2021.

的估值用符号 σ^2 和 σ 表示。通常还可用符号 m^2 来表示中误差的估值，即：

$$\begin{cases} m^2 = \sigma^2 = \dfrac{[\Delta\Delta]}{n} \\ m^2 = \sigma = \pm\sqrt{\dfrac{[\Delta\Delta]}{n}} \end{cases}$$

这就是根据一组等精度真误差计算方差和中误差估值的基本公式。

（二）极限误差

前已指出，中误差不是代表个别误差的大小，而是代表误差分布的离散度的大小。由中误差的定义可知，这是代表一组同精度观测误差平方的平均值的平方根极限值，中误差越小，即表示在该组观测中，绝对值较小的误差越大。在大量同精度观测的一组误差中，误差落在（$-\sigma$，$+\sigma$），（-2σ，$+2\sigma$）和（-3σ，$+3\sigma$）的概率分别如下：

$$P（-\sigma<\Delta<+\sigma）\approx 68.3\%$$
$$P（-2\sigma<\Delta<+2\sigma）\approx 95.5\%$$
$$P（-3\sigma<\Delta<+3\sigma）\approx 99.7\%$$

这就是说，绝对值大于中误差的偶然误差，其出现的概率为 31.7%；而绝对值大于 2 倍中误差的偶然误差出现的概率为 4.5%；特别是绝对值大于 3 倍中误差的偶然误差出现的概率仅有 0.3%，这已经是概率接近于零的小概率事件，或者说这是实际上的不可能事件。因此，通常以 3 倍中误差作为偶然误差的极限值 $\Delta_{限}$，并称为极限误差，即 $\Delta_{限}=3\sigma$。

实践中，也有采用 2σ 作为极限误差的。实用上则以中误差的估值 m 代替 σ，即以 $3m$ 或 $2m$ 作为极限误差。

在测量工作中，如果某误差超过了极限误差，那就可以认为它是错误，相应的观测值应舍去。

（三）相对误差

对于某些观测结果，有时单靠中误差还不能完全表达观测结果的精度。例如，分别丈量了 1000m 及 80m 的两段距离，观测值的中误差均为 ±2cm，虽然两者的中误差相同，但就单位长度而言，两者精度并不相同。显然前者的相对精度比后者要高。此时，需采用另一种办法来衡量精度，通常采用相对中误差，它是中误差与观测值之比。如上述两段距离，前者的相对中误差为1/50000，而后者则为1/4000。

相对中误差是个无名数，在测量中一般化为 $1/N$ 表示。

对于真误差与极限误差，有时也用相对误差来表示。例如，经纬仪导线测量时，规范中所规定的相对闭合差不能超过1/2000，它就是相对极限误差。而在实测中所产生的相对闭合差，则是相对真误差。

与相对误差相对应，真误差、中误差、极限误差等均称为绝对误差。

二、误差传播定律

在实际工作中，有些量往往不能直接测得，而是由某些直接观测值通过一定的函数关系间接计算而得。例如，在控制测量中，要求得各控制点的坐标，而坐标无法直接测得，是通过测量距离、水平角、高差，由确定的函数关系求得。

由于直接观测值含有误差，因而它的函数必然要受其影响而存在误差。阐述观测值中误差与函数中误差之间关系的定律，称为误差传播定律。根据函数的形式不同，分为线性与非线性两种函数形式。

（一）线性函数

线性函数的一般形式为：$Z=f_1x_1\pm f_2x_2\pm\cdots\pm f_nx_n$。式中，$x_1$，$x_2$，…，$x_n$ 为独立观测值，其中误差分别为；m_1，m_2，…，m_n，f_1，f_2，…，f_n 为常数。

这里略去了推导过程，直接给出了线性函数中误差的关系式为：$m_Z^2=f_1^2m_1^2+f_2^2m_2^2+\cdots+f_n^2m_n^2$。

（二）非线性函数

对于非线性函数，一般形式表示如下。

$$Z=f(x_1,\ x_2,\ \cdots,\ x_n)$$

对函数取全微分，得：

$$\mathrm{d}Z=\frac{\partial f}{\partial x_1}\mathrm{d}x_1+\frac{\partial f}{\partial x_2}\mathrm{d}x_2+\cdots+\frac{\partial f}{\partial x_n}\mathrm{d}x_n$$

因为真误差均很小，用以代替上式的 $\mathrm{d}Z$，$\mathrm{d}x_1$，$\mathrm{d}x_2$，…，$\mathrm{d}x_n$，得真误差关系式：

$$\Delta Z=\frac{\partial f}{\partial x_1}\Delta x_1+\frac{\partial f}{\partial x_2}\Delta x_2+\cdots+\frac{\partial f}{\partial x_n}\Delta x_n$$

$\frac{\partial f}{\partial x_i}$（$i$=1，2，…，$n$）以观测值代入，其值为常数。因此，上式是线性函数的真误差关系式，仿照前面的方法得函数 Z 的中误差为：

$$m_Z^2=(\frac{\partial f}{\partial x_1})^2 m_1^2+(\frac{\partial f}{\partial x_2})^2 m_2^2+\cdots+(\frac{\partial f}{\partial x_n})^2 m_n^2$$

应用误差传播定律求观测值函数的中误差时，首先应根据实际问题列出函数关系式，再使用误差传播定律。如果问题复杂，所列出函数式为非线性的，则可对函数式进行全微分，再求函数的中误差。应用该定律时应注意，观测值必须是独立的观测值，即函数式等号右边的各自变量应互相独立，不包含共同的误差，否则应作并项或移项处理，使其均为独立观测值。

例如，在 1 ∶ 2000 比例尺地形图上，量得某直线长为 167.85mm，其中误差 m 为 ±0.1mm。求其实际长度及其中误差。

解：该直线的实际长度 D 与图上量得长度 x 之间是倍数函数关系，即：

$$D=kx=2000\times 167.85\text{（mm）}=335.7\text{（m）}$$

$$m_D=km=2000\times 0.1\text{（mm）}=0.2\text{（m）}$$

最后结果写为：

$$D=335.7\pm 0.2\text{（m）}$$

三、权

不等精度观测时，用权可以衡量观测值的可靠程度，通常以 P 表示。不难理解，观测值精度越高权就越大。它是衡量可靠程度的一个相对数值。可以根据中误差来确定观测值的权。权的计算公式如下：

$$P_i=\frac{\lambda}{m_i^2}，i=1，2，\cdots，n$$

可见，权是衡量可靠程度的相对数值，选择适当的λ，可使权成为便于计算的数值。

第三节　测绘数据处理的基本方法

在测量工作中，经常需要通过一系列观测值求某些未知量的数值。例如，为了确定若干点的坐标，需要观测点之间的边长和水平方向。这些点的坐标就是未知量，也称未知参数。从理论上讲，为了获得参数的真值，应选取一切可能的观测值，但在实践中，这是不可能做到的，因为观测值的个数总是有限的，而且观测值又总是带有误差，所以通过测量平差只能求得参数的估计值。由此可见，测量平差实质上就是数理统计中的参数估计问题。

参数估计的方法有很多种，这里首先以一个简单的例子简要地介绍最小二乘法的基本原理。

设对某量进行了 n 次等精度观测，观测值为 L_i=（1，2，…，n），最或是值为 $\hat{L}$，v_i 为观测值的改正数，则有：

$$\begin{cases} v_1 = \hat{L} - L_1 \\ v_2 = \hat{L} - L_2 \\ \quad \cdots \\ v_n = \hat{L} - L_n \end{cases}$$

上式等号两边平方求和，得：

$$[vv] = (\hat{L} - L_1)^2 + (\hat{L} - L_2)^2 + \cdots + (\hat{L} - L_n)^2$$

根据最小二乘原理，必须使 $[vv]$ 最小，为此，将 $[v]$ 对 $\hat{L}$ 取一、二阶导数：

$$\frac{\mathrm{d}}{\mathrm{d}\hat{L}}[vv] = 2(\hat{L} - L_1) + 2(\hat{L} - L_2)^2 + \cdots + 2(\hat{L} - L_n); \quad \frac{\mathrm{d}}{\mathrm{d}\hat{L}}[vv] = 2n > 0$$

由于二阶导数大于零，因此，当一阶导数等于零时，$[vv]$ 为最小，由此求得最或是值：

$$n\hat{L} = L_1 + L_2 + \cdots + L_n = [L], \quad \hat{L} = \frac{[L]}{n}$$

由上式可知，观测值的算术平均值就是最或是值。

通用意义下测量数据处理的最小二乘平差方法的原理如下。

设观测值 $\boldsymbol{L}_{n\times1}$ 的真值 $\tilde{L}$ 和未知参数 $\boldsymbol{X}_{t\times1}$ 之间有以下线性关系（非线性关系通过泰勒级数展开化为线性关系）：

$$\tilde{L}_{n\times1} = \boldsymbol{B}_{n\times t}\boldsymbol{X}_{t\times1}$$

式中，$\boldsymbol{B}$——已知的系数矩阵；$\tilde{L}$——观测值 $\boldsymbol{L}$ 的真值。

由式 $\Delta_i = L_i - \tilde{L}$ 和 $\tilde{L} = \boldsymbol{L} + \Delta$ 则有：

$$\Delta = \boldsymbol{BX} - \boldsymbol{L}$$

以 Δ 和 $\boldsymbol{X}$ 的估值 $\boldsymbol{V}$ 和 $\boldsymbol{x}$ 代入上式，得：

$$\boldsymbol{V}=\boldsymbol{Bx}-\boldsymbol{L}$$

所谓最小二乘法，就是在：

$$(\boldsymbol{Bx}-\boldsymbol{L})^{\mathrm{T}}\boldsymbol{P}(\boldsymbol{Bx}-\boldsymbol{L})=\min$$

的条件下，求参数 $\boldsymbol{X}$ 的估值 $\boldsymbol{x}$ 的一种方法。测量数据处理中的一般表达式为：

$$\boldsymbol{V}^{\mathrm{T}}\boldsymbol{PV}=(\boldsymbol{Bx}-\boldsymbol{L})^{\mathrm{T}}\boldsymbol{P}(\boldsymbol{Bx}-\boldsymbol{L})=\min$$

式中，观测值权阵 $\boldsymbol{P}$ 为对称正定常数矩阵。称上式为最小二乘准则，按此准则求得的 $\boldsymbol{X}$ 称为最小二乘估计。

对于式 $\boldsymbol{V}=\boldsymbol{Bx}-\boldsymbol{L}$ 求解极值问题，则有：

$$\frac{\mathrm{d}(\boldsymbol{V}^{\mathrm{T}}\boldsymbol{PV})}{\mathrm{d}x}=0$$

对式 $\frac{\mathrm{d}(\boldsymbol{V}^{\mathrm{T}}\boldsymbol{PV})}{\mathrm{d}\boldsymbol{x}}=0$ 求导，并考虑式 $\boldsymbol{V}=\boldsymbol{Bx}-\boldsymbol{L}$，则有：

$$2\boldsymbol{V}^{\mathrm{T}}\boldsymbol{PB}=0$$

将 $\tilde{L}_{n\times1}=\boldsymbol{B}_{n\times t}\boldsymbol{X}_{t\times1}$ 代入式 $2\boldsymbol{V}^{\mathrm{T}}\boldsymbol{PB}=0$，并整理得：

$$\boldsymbol{B}^{\mathrm{T}}\boldsymbol{PBx}-\boldsymbol{B}^{\mathrm{T}}\boldsymbol{PL}=0$$

对式 $\boldsymbol{B}^{\mathrm{T}}\boldsymbol{PBx}-\boldsymbol{B}^{\mathrm{T}}\boldsymbol{PL}=0$ 求解得：

$$\boldsymbol{x}=(\boldsymbol{B}^{\mathrm{T}}\boldsymbol{PB})^{-1}\boldsymbol{B}^{\mathrm{T}}\boldsymbol{PL}$$

以上的数学模型就是测量平差中的间接平差法，是测量数据处理最常用和基本的方法。

第四节　测量平差进展及其在测绘学中的应用

一、测量平差进展

自 19 世纪初最小二乘法被引入测量平差以来，该方法都是以观测误差服从于偶然误差分布特性为前提的，属于经典测量平差范畴。近几十年来，测量数据的采集方法有了很大的发展，测量仪器从光学为主发展到电子化、数字化、自动化，观测手段从地面测量扩展至海、陆、空及卫星测量，用户对观测成果的高精度和质量控制以及交叉学科的需求，推动了测量平差学科的飞速发展，形成了近代测量平差体系。总体上来看，测量平差的进展体现在如下方面。

测量平差的理论体系从以代数学为主的体系转化为以概率统计学为主并与近代代数学相结合的理论体系，形成了概率统计学、近代代数学和测量数据处理融合为一体的测量平差新体系。

以现代手段采集的数据，除包含所需的信息外，偶然误差、系统误差和粗差几乎同时存在，经典的以偶然误差为主的误差理论已无法满足需要，从而扩展了系统误差和粗差理论及其相应的测量平差方法，可靠性理论和抗差平差理论得到很大的发展。

平差问题的最优化准则从最小二乘估计扩展至极大似然估计、极大验后估计、最小方差估计以及贝叶斯估计准则。最优化准则的主要特点是平差问题的观测量不要求一定服从正态分布，而所求未知量（参数）也可以是随机参数。

发展出许多新的平差方法，其中秩亏自由网平差、滤波、推估和配置以及稳健最小二乘平差等被认为是其中重要的创新成就。

根据观测数据采集的实时化和自动化，动态系统的测量平差理论和方法的研究工作正在深入，静态平差向动态平差的扩展也是目前的发展方向。

许多新兴的数学理论和方法在测量数据处理中得到广泛应用，如模糊数学、灰色理论、神经网络、小波分析等。[①]

二、测量平差在现代测绘中的应用

测量平差学科在现代测绘学的发展中有十分重要的作用和广泛的应用，主要体现在如下方面。

（一）国家、城市、工程控制网的布设与平差

小到一个工程，大到一个城市和整个国家都需建立平面、高程控制网。布设各种控制网、制定观测方案、观测成果的精度和可靠性要求等，许多内容都要运用误差理论和可靠性理论进行优化设计，以保证其最后成果达到预期精度和可靠性要求。

各种控制网点的坐标、高程及其精度是通过平差计算得到的。1982 年完成的中国天文大地网平差，观测数据 30 多万个，坐标未知量 15 万个，解算高达 15 万阶的线性方程组。这种国家控制网的平差不仅计算工作难度大，而且存在许多需

① 武汉大学测绘学院测量平差学科组．误差理论与测量平差基础 [M].4 版．武汉：武汉大学出版社，2024.

要解决的技术问题。

（二）摄影测量中的平差问题

在摄影测量中，解析摄影测量和数字摄影测量都是量测像片的坐标，并以像片坐标作为观测值，通过共线方程建立误差方程式进行平差计算。由于需要量测大量的像片坐标，为了保证摄影测量平差计算结果的可靠性，对观测值的粗差定位就显得非常必要，可靠性理论在摄影测量中得到了广泛应用。

（三）GPS 观测数据处理

GPS 观测数据处理中，有许多复杂的计算问题，例如：GPS 基线解算中的载波相位的整周模糊度解算，特别是在 GPS 实时动态测量和精密单点定位时整周模糊度的快速实时解算问题；GPS 长基线解算和 GPS 卫星定轨也是 GPS 定位技术中比较复杂的计算问题，都是测绘界研究的热点课题。

（四）变形监测数据处理和分析

变形监测的内容包括工程建筑物的变形、地壳运动等，数据处理的任务就是通过对监测数据进行处理和分析，作出物理解释。下面以大坝变形监测为例，说明测量数据处理的作用。

大坝变形监测是通过在坝体和坝体周围布设变形监测网，并配置坝体内部各种变形监测仪器和相关物理量测量设备，实时监测大坝运行状态。监测人员通过处理监测数据，获得监测点的变形信息，并对长期的观测资料的分析确定变形量的影响因子和变形规律，以此进行变形的预报，从而及时发现异常变形。国内外许多学者提出了多种监控模型对大坝安全监测资料进行分析，回归分析、模糊数学、灰色理论、神经网络、滤波法、小波分析、分形学理论、混沌动力学等各种理论和方法相继被引入大坝安全监控资料的分析。在这个过程中，充分研究各种误差来源，在数据处理中予以削弱或消除，是正确作出物理解释的前提。

第三章　测绘综合管理

第一节　测绘技术管理

测绘技术管理包括测绘技术立法、技术基础、设施建立、技术业务及质量检验、技术革新与新技术的鉴定、采用和推广等。其核心任务包括建立测绘基准和测绘系统，制定测绘技术规范和标准以及进行测绘计量管理等。

一、测绘基准

（一）测绘基准的概念

测绘基准是指一个国家为在其辖区内进行测绘工作所建立、确定的相应参数和起算依据以及它们之间的数学和物理的关系的标准。测绘基准包括所选用的各种大地测量参数、统一的起算面、起算基准点（即大地原点、水准原点、重力基点）、起算方位，以及有关地点、设施、名称等。为起到起算依据作用，测绘基准必须分别纳入或关联于相应的测量控制网中。我国设立和采用的测绘基准有大地基准、高程基准、深度基准和重力基准。它们是一个国家整个测绘的起算依据和建立各种测绘系统的基础。

（二）测绘基准的特征

1. 科学性

任何测绘基准都是依靠严密的科学理论、科学手段和方法经过严密的演算和施测建立起来的，其形成的数学基础和物理结构都必须符合科学理论和方法的要求，从而使测绘基准具有科学性特点。

2. 统一性

为保证测绘成果的科学性、系统性和可靠性，满足科学研究、经济建设和国防建设的需要，一个国家的测绘基准必须是严格统一的。测绘基准不统一，不仅使测绘成果不具有可比性和衔接性，还会给国家安全和城市建设以及社会管理造成不良的后果。

3. 法定性

测绘基准由国务院批准，测绘基准数据由国务院测绘行政主管部门负责审核，测绘基准的设立必须符合国家的有关规范和要求，使用测绘基准由国家法律规定，从而使测绘基准具有法定性特征。

4. 稳定性

测绘基准是一切测绘活动和测绘成果的基础和依据，测绘基准一经建立，便具有相对稳定性，在一定时期内不能轻易改变。

（三）测绘基准管理

《中华人民共和国测绘法》第九条规定：国家设立和采用全国统一的大地基准、高程基准、深度基准和重力基准，其数据由国务院测绘地理信息主管部门审核，并与国务院其他有关部门、军队测绘部门会商后，报国务院批准。

这一条规定了全国统一的测绘基准的范围、设立、使用及其发布批准的程序。

测绘基准是国家整个测绘工作的基础和起算依据。为保证国家测绘成果的整体性、系统性和科学性，实现测绘成果起算依据的统一，保障测绘事业为国家经济建设、国防建设和社会发展服务，《中华人民共和国测绘法》第五条明确规定：从事测绘活动，应当使用国家规定的测绘基准和测绘系统，执行国家规定的测绘技术规范和标准。

国家对测绘基准的规定是非常严格的。一方面，测绘基准的数据由国务院测绘行政主管部门审核后，还必须与国务院其他有关部门、军队测绘主管部门进行会商，充分听取各相关部门的意见。另一方面，测绘基准的数据经相关部门审核后，必须经过国务院批准后才能实施，各项测绘基准数据经国务院批准后，便成为所有测绘活动的起算依据。

二、测绘系统

（一）测绘系统的概念

测绘系统是指由测绘基准延伸，在一定范围内布设的各种测量控制网，它们是各类测绘成果的依据，主要包括大地坐标系统、平面坐标系统、高程系统、地心坐标系统和重力测量系统。

（二）测绘系统管理

1. 基本法律规定

《中华人民共和国测绘法》第十条规定，国家建立全国统一的大地坐标系统、平面坐标系统、高程系统、地心坐标系统和重力测量系统，确定国家大地测量等级和精度以及国家基本比例尺地图的系列和基本精度。具体规范和要求由国务院测绘行政主管部门同国务院其他有关部门、军队测绘主管部门制定。这一条规定了全国统一的测绘系统的建立，国家大地测量等级和精度、国家基本比例尺地图的系列和基本精度的确立，以及相关法规的制定、批准权限。

建立相对独立的平面坐标系统要依法经过批准。《中华人民共和国测绘法》第十一条明确规定：因建设、城市规划和科学研究的需要，大城市和国家重大工程项目确需建立相对独立的平面坐标系统的，由国务院测绘行政主管部门批准；其他确需建立相对独立的平面坐标系统的，由省、自治区、直辖市人民政府测绘行政主管部门批准。

《中华人民共和国测绘法》第五十二条对法律责任进行了规定：违反本法规定，未经批准擅自采用不符合国家标准的基础地理信息数据建立地理信息系统的，给予警告，责令改正，可以并处五十万元以下的罚款；对直接负责的主管人员和其他直接责任人员，依法给予处分。

2. 管理职责

国务院测绘行政主管部门的职责：①负责建立全国统一的大地坐标系统、平面坐标系统、高程系统、地心坐标系统和重力测量系统；②会同国务院其他有关部门、军队测绘主管部门制定国家大地测量等级和精度以及国家基本比例尺地图的系列和基本精度的具体规范和要求；③会同军队测绘主管部门审批国际坐标系统；④负责因建设、城市规划和科学研究的需要，大城市和国家重大工程项目确需建立相对独立的平面坐标系统的审批；⑤负责全国测绘系统的维护和统一监督管理。[①]

省级测绘行政主管部门的职责：①建立本省行政区域内与国家测绘系统相统

① 闫艳军，赵立中，王恒.建筑工程管理与测绘技术应用 [M]. 长春：吉林科学技术出版社，2024.

一的大地控制网和高程控制网；②负责因建设、城市规划和科学研究的需要，除大城市和国家重大工程项目以外确需建立相对独立的平面坐标系统的审批；③负责本省行政区域内全国统一的测绘系统的维护和统一监督管理。

按照现行测绘法律法规的规定，市、县级测绘行政主管部门的主要职责：①建立本行政区域内与国家测绘系统相统一的大地控制网和高程控制网的加密网；②负责测绘系统的维护和统一监督管理。

（三）相对独立的平面坐标系统管理

1. 相对独立的平面坐标系统的概念

相对独立的平面坐标系统是指为满足在局部地区进行大比例尺测图和工程测量的需要，以任意点和方向起算建立的平面坐标系统，或者在全国统一的坐标系统基础上，进行中央子午线投影变换以及平移、旋转等而建立的平面坐标系统。相对独立的平面坐标系统是一种非国家统一的，但与国家统一坐标系统相联系的平面坐标系统。这种独立的平面坐标系统通过与国家坐标系统之间的联测，确定两种坐标系统之间的数学转换关系，即称为相对独立的平面坐标系统与国家坐标系统相联系。

2. 建立相对独立的平面坐标系统的原则

建立相对独立的平面坐标系统，必须坚持以下原则：①必须是因建设、城市规划和科学研究的需要。如果不是为了满足建设、城市规划和科学研究的需要，必须按照国家规定采用全国统一的测绘系统。②确实需要建立。建立相对独立的平面坐标系统必须有明确的目的和理由，不建设就会对工程建设、城市规划等造成严重影响的。③必须经过批准。未按照规定程序经省级以上测绘行政主管部门批准，任何单位都不得建立相对独立的平面坐标系统。④应当与国家坐标系统相联系。建立的相对独立的平面坐标系统必须与国家统一的测量控制网点进行联测，建立与国家坐标系统之间的联系。

3. 建立相对独立的平面坐标系统的审批

建立相对独立的平面坐标系统的审批是一项有数量限制的行政许可。为保障城市建设的顺利进行，保持测绘成果的连续性、稳定性和系统性，维护国家安全和地区稳定，一个城市只能建立一个相对独立的平面坐标系统。为加强对建立相对独立的平面坐标系统的管理，国家测绘局于 2006 年颁布了《建立相对独立的平面坐标系统管理办法》，对建立相对独立的平面坐标系统的审批权限进行了详细规定。

国家测绘局的审批职责：① 50 万人口以上的城市；②列入国家计划的重大工程项目；③其他确需国家测绘局审批的。

省级测绘行政主管部门的审批职责：① 50 万人口以下的城市；②列入省级计划的大型工程项目；③其他确需省级测绘行政主管部门审批的。

申请建立相对独立的平面坐标系统应提交的材料：①建立相对独立的平面坐标系统申请书；②属于工程项目申请人的有效身份证明；③立项批准文件；④能够反映建设单位测绘成果及资料档案管理设施和制度的证明文件；⑤建立城市相对独立的平面坐标系统的，应当提供该市人民政府同意建立的文件原件。

依据《建立相对独立的平面坐标系统管理办法》的规定，有以下情况之一的，对建立相对独立的平面坐标系统的申请不予批准：①申请材料内容虚假的；②国家坐标系统能够满足需要的；③已依法建有相关的相对独立的平面坐标系统的；④测绘行政主管部门依法认定的应当不予批准的其他情形。

4. 建立相对独立的平面坐标系统的法律责任

对未经批准，擅自建立相对独立的平面坐标系统的，《中华人民共和国测绘法》设定了严格的法律责任：给予警告，责令改正，可以并处五十万元以下的罚款；对负有直接责任的主管人员和其他直接责任人员，依法给予处分。

目前，我国已经建立了全国统一的测绘基准和测绘系统，并不断得到完善和精化，其中包括天文大地网、平面控制网、高程控制网、重力控制网等，为不同时期国家的经济建设、国防建设、科学研究和社会发展提供了有力的基准保障。近年来，国家十分重视测绘基准和测绘系统建设，不断加大对测绘基准和测绘系统建设的投入力度，加强国家现代测绘基准体系基础设施建设，积极开展现代测绘基准体系建设关键技术研究，现代测绘基准体系建设取得了重要进展，逐步使我国的测绘基准和测绘系统建设处于世界领先行列。

测绘基准和测绘系统既相互联系，又相互区别。测绘基准在技术领域具有纲领地位，是测绘系统起算的起始依据，测绘基准是更加精确的一个点或几个点，而测绘系统是不能分割的一个整体。测绘基准的这一个点或几个点的法律地位、保护、管理、使用的要求与测绘系统（控制网）内各点相比要高得多。

三、测绘标准

（一）测绘标准的概念和特征

1. 测绘标准的概念

测绘标准是针对性很强的技术标准，具体是指对测绘活动的过程、成果、产品、服务等，针对一定范围内需要统一的技术要求、规格格式、精度指标、管理程序，从设计、生产、检验、应用等方面所制定的需要共同遵守的规定。测绘标准包括国家标准、行业标准、地方标准和标准化指导性技术文件。

国家测绘局《测绘标准化工作管理办法》规定：在测绘领域，需要在全国范围内统一的技术要求，应当制定国家标准；对没有国家标准而又需要在测绘行业范围内统一的技术要求，可以制定测绘行业标准；对没有国家标准和行业标准而又需要在省、自治区、直辖市范围内统一的技术要求，可以制定相应的地方标准。

随着测绘科技的发展和地理信息产业的繁荣，测绘标准化的工作内容已经渗透到地理信息领域。《地理信息标准化工作管理规定》规定，在地理信息领域内，需要在全国范围内统一技术要求，应当制定地理信息国家标准。测绘与地理信息标准在测绘与地理信息产业发展过程中相互渗透、相互补充，逐步形成测绘与地理信息标准化体系。

2. 测绘标准的特征

科学性。任何一种测绘标准都是运用科学理论和科学方法并在长期科学实践的基础上提出的概念性规则和规定，既符合常规测绘生产需要，又兼顾测绘新技术应用与发展并被大家遵守，因而测绘标准具有科学性。

实用性。测绘标准是测绘活动必须遵守的规则，因而测绘标准必须具有实用性，才能被普遍遵守，实用性是测绘标准的基本特性。

权威性。测绘标准的立项、制定由国务院测绘行政主管部门或者标准化机构组织实施。测绘标准的发布严格按照国家法定程序进行，测绘标准的内容严格按照相关学科或者专业理论进行延伸和推广。因此，测绘标准一经发布便具有权威性。

法定性。标准化法、标准化法实施细则以及测绘法等法律法规明确规定测绘标准，要求严格执行国家测绘标准，因而使测绘标准具有法定性。

协调性。不同的测绘标准涉及工序不同、专业不同，而测绘成果具有兼容性、协调性，必然使测绘标准要具有协调性，各相关测绘标准必须保持协调一致，才能被各个专业共同遵守。

（二）测绘标准的制定与发布

1. 测绘标准的制定

制定标准一般指制定一项新标准，是指制定过去没有而现在需要进行制定的标准。它是根据生产发展的需要和科学技术发展的水平来制定的，反映了当前的生产技术水平。制定标准是国家标准化工作的重要方面，反映了国家标准化工作的水平。一个新标准制定后，由标准批准机关给定一个标准编号，同时标明它的分类号，以表明该标准的专业隶属和制定年代。

测绘国家标准。需要在全国范围内统一技术要求，制定测绘国家标准：①测绘术语、分类、模式、代号、代码、符号、图式、图例等技术要求；②国家大地基准、高程基准、重力基准和深度基准的定义和技术参数，国家大地坐标系统、平面坐标系统、高程系统、地心坐标系统和重力测量系统的实现、更新和维护的仪器、方法、过程等方面的技术要求；③国家基本比例尺地图、公众版地图及其测绘的方法、过程、质量、检验和管理等方面的技术要求；④基础航空摄影的仪器、方法、过程、质量、检验和管理等方面的技术指标和技术要求，用于测绘的遥感卫星影像的质量、检验和管理等方面的技术要求；⑤基础地理信息数据生产及基础地理信息系统建设、更新与维护的方法、过程、质量、检验和管理等方面的技术要求；⑥测绘工作中需要统一的其他技术要求。

强制性测绘标准。测绘国家标准及测绘行业标准分为强制性标准和推荐性标准。下列情况应当制定强制性测绘标准或者标准强制性条款：①涉及国家安全、人身及财产安全的技术要求；②建立和维护测绘基准与测绘系统必须遵守的技术要求；③国家基本比例尺地图测绘与更新必须遵守的技术要求；④基础地理信息标准数据的生产和认定；⑤测绘行业范围内必须统一的技术术语、符号、代码、生产与检验方法等；⑥需要控制的重要测绘成果质量的技术要求；⑦国家法律、行政法规规定强制执行的内容及其技术要求。

测绘行业标准不得与测绘国家标准相违背，测绘地方标准不得与测绘国家标准和测绘行业标准相违背。

测绘标准化指导性技术文件。符合下列情形之一的，可以制定测绘标准化指导性技术文件：①技术尚在发展中，需要有相应的测绘标准文件引导其发展或者具有标准化价值，尚不能制定为标准的；②采用国际标准化组织以及其他国际组织（包括区域性国际组织）技术报告的；③国家基础测绘项目及有关重大专项实施过程中，没有国家标准和行业标准而又需要统一的技术要求。

测绘标准的分类：①定义与描述类标准。定义与描述类标准通过对基础地理信息的相对确定的定义与描述，使得标准化涉及的各方在一定的时间和空间范围内达到对地理信息相对一致的理解，从而促进对基础地理信息的共同理解和使用，保证测绘成果共享。这类标准属于基础性标准，使用面广，通常被其他测绘与地理信息标准所引用。基于地理标识的参考系统、三维基础地理信息要素分类与代码、影像要素分类与代码、三维基础地理信息要素数据词典、航天影像和航空影像数据要素词典、公众版地形图图式、电子地图图式等标准都属于定义与描述类标准。②获取与处理类标准。获取与处理类标准是以测绘和地理信息数据获取与处理中各专业技术、各类工程中需要协调统一的各种技术、方法、过程等为对象制定的标准。主要目的是通过对基础地理信息获取、加工、处理和应用等的方法、过程、行为的技术要求和技术参数进行确定和约定，从而使基础地理信息数据和产品获取与处理过程中的各个环节产生的误差得到必要控制，保证测绘成果、地理信息数据和产品的质量。现行的获取与处理类标准主要集中于大地测量、地形图航空摄影测量、光学航空摄影、国家基本比例尺地形图编绘、基础地理信息数据生产与数据库建设等方面，如《全球定位系统（GPS）测量规范》《测量外业电子记录基本规定》《1 ∶ 5001 ∶ 10001 ∶ 2000 地形图航空摄影规范》《1 ∶ 5001 ∶ 10001 ∶ 2000 地形图航空摄影测量内业规范》《国家基本比例尺地形图更新规范》《地籍测绘规范》等都属于获取与处理类标准。③检验与测试类标准。检验与测试类标准是为检验各种测绘和地理信息产品（成果）质量，以检测对象、质量要求、检测方法及其技术要求为对象制定的标准。《测绘产品检查验收规定》《公开版地图质量评定标准》《地理信息质量原则》《光电测距仪检定规范》《全球定位系统（GPS）测量型接收机检定规程》等都属于检验与测试类标准。④成果与服务类标准。成果与服务类标准是为保证测绘与地理信息产品（成果）满足用户需要，对一种或一组测绘和基础地理信息产品应达到的技术要求做出规定的标准。现行的成果与服务类标准主要集中在地形图和基础地理信息数据基本产品方面。如《地理空间数据交换格式》《数字地形图产品模式》《基础地理信息标准数据基本规定》《基础地理信息数字产品 1 ∶ 10000、1 ∶ 50000 数字高程模型》等都属于成果与服务类标准。⑤管理类标准。管理类标准是以测绘和基础地理信息项目管理、成果管理、归档管理、认证管理为对象制定的标准。如《测绘技术设计规定》《测绘技术总结编写规定》《测绘作业人员安全规范》《导航电子地图安全处理技术基本要求》等都属于管理类标准。

2. 测绘标准的发布及复审

（1）测绘标准的发布

《测绘标准化工作管理办法》指出：属于测绘国家标准和国家标准化指导性技术文件的，报国务院标准化行政主管部门批准、编号、发布；属于测绘行业标准和行业标准化指导性技术文件的，由国家测绘局批准、编号、发布。测绘行业标准和行业标准化指导性技术文件的编号由行业标准代号、标准发布的顺序号及标准发布的年号构成。

强制性测绘行业标准编号：CH××××（顺序号）—××××（发布年号）。

推荐性测绘行业标准编号：CH/T××××（顺序号）—××××（发布年号）。

测绘行业标准化指导性技术文件编号：CH/Z××××（顺序号）—××××（发布年号）。

测绘地方标准的发布，按照国家和地方有关规定执行。测绘地方标准发布后30日内，省级测绘行政主管部门应当向国家测绘局备案。备案材料包括地方标准批文、地方标准文本、标准编制说明及相关材料等。

强制性测绘标准及标准强制性条款必须执行。推荐性标准被强制性测绘标准引用的，也必须强制执行。不符合强制性标准或强制性条款的测绘成果或者地理信息产品，禁止生产、进口、销售、发布和使用。测绘企事业单位应当积极采用和推广测绘标准，并应当在成果或者其说明书、包装物上标注所执行标准的编号和名称。

（2）测绘标准的复审

测绘标准的复审工作由国家测绘局组织测绘标准委员会实施。标准复审周期一般不超过5年。下列情况应当及时进行复审：①不适应科学技术的发展和经济建设需要的；②相关技术发生了重大变化的；③标准实施过程中出现重大技术问题或有重要反对意见的。

测绘国家和行业标准化指导性技术文件发布后3年内必须复审，以决定是否继续有效、转化为标准或者撤销。测绘国家标准和国家标准化指导性技术文件的复审结论经国家测绘局审查同意，报国务院标准化行政主管部门审批发布。测绘行业标准和行业标准化指导性技术文件的复审结论由国家测绘局审批。对确定为继续有效或者废止、撤销的，由国家测绘局发布公告；对确定为修订、转化的，按相关规定程序进行修订。

（三）测绘与地理信息标准化管理

1. 测绘与地理信息标准化的概念

测绘与地理信息标准化是在测绘与地理信息产业领域制定大家共同遵守的技术规则，并发布和实施测绘与地理信息标准的全过程。

测绘与地理信息标准化工作的主要任务：贯彻国家有关标准化工作的法律法规，加强测绘与地理信息标准化工作的统筹协调；组织制定和实施测绘与地理信息标准化工作的规划、计划；建立和完善测绘与地理信息标准体系；加快测绘与地理信息标准的制定、修订，并对标准的宣传、贯彻与实施进行指导和监督。为保障标准化工作依法实施，国家先后出台了一系列有关标准化管理的法律法规和规章，为做好测绘与地理信息标准化工作提供了直接的法律依据。

2. 测绘与地理信息标准化管理的职责

国家测绘局标准化工作职责：①贯彻国家标准化工作的法律、行政法规、方针和政策，制定测绘标准化管理的规章制度；②组织制定和实施国家测绘标准化规划、计划，建立测绘标准体系；③组织实施测绘国家标准项目的制定、修订和标准复审；④组织制定、修订、审批、发布和复审测绘行业标准和测绘行业标准化指导性技术文件；⑤负责测绘标准的宣传、贯彻和监督实施工作；负责测绘标准化工作的国际合作与交流；⑥指导省、自治区、直辖市测绘行政主管部门的测绘标准化工作。

省、自治区、直辖市测绘行政主管部门标准化工作职责：①贯彻国家标准化工作的法律法规、方针和政策，制定贯彻实施的具体办法；②组织制定和实施地方测绘标准化规划、计划；③组织制定、修订和实施测绘地方标准项目；④组织宣传、贯彻并监督检查测绘标准的实施；⑤指导下级测绘行政主管部门的标准化工作。

3.《中华人民共和国测绘法》对测绘与地理信息标准化的规定

《中华人民共和国测绘法》对测绘标准化管理进行特别规定，主要体现在以下几个方面。

《中华人民共和国测绘法》第五条规定：从事测绘活动，应当使用国家规定的测绘基准和测绘系统，执行国家规定的测绘技术规范和标准。

测绘技术规范是测绘标准的一种，是对测绘产品的质量、规格、形式以及测绘作业中的技术要求所做的统一规定。

《中华人民共和国测绘法》第十条规定：国家建立全国统一的大地坐标系统、平面坐标系统、高程系统、地心坐标系统和重力测量系统，确定国家大地测量等级和精度以及国家基本比例尺地图的系列和基本精度。具体规范和要求由国务院测绘地理信息主管部门会同国务院其他有关部门、军队测绘部门制定。

国务院测绘行政主管部门应当组织制定具体的规范和要求，统一大地测量等级和精度以及国家基本比例尺地图的系列和基本精度，从而为统一大地测量成果数据和国家基本比例尺地图系列和精度提供了法律依据。

《中华人民共和国测绘法》第二十三条规定：水利、能源、交通、通信、资源开发和其他领域的工程测量活动，应当执行国家有关的工程测量技术规范。

城市建设领域的工程测量活动应当执行由国务院建设行政主管部门、国务院测绘行政主管部门负责组织编制的测量技术规范。与房屋产权、产籍相关的房屋面积的测量，应当执行由国务院建设行政主管部门、国务院测绘行政主管部门负责组织编制的测量技术规范。根据《测绘法》的规定，从事工程测量和房产测绘，应当执行国家相应的规范和标准。

《中华人民共和国测绘法》第二十四条规定：建立地理信息系统，应当采用符合国家标准的基础地理信息数据。

因此，建立地理信息系统：①必须采用符合国家标准的数据；②这些数据必须是符合国家标准的基础地理信息数据；③建立地理信息系统不采用符合国家标准的基础地理信息数据要依法承担相应的法律责任。

第二节　测绘市场管理

一、测绘规划与任务

（一）测绘规划的概念及编制程序

测绘规划是指为了保障国家经济建设、国防建设和科学技术发展战略目标的实现而编制的测绘事业长远发展计划，计划期限一般为10年以上，它是展示测绘发展远景的战略计划，也是编制测绘中期计划（一般为5年计划）和年度计划的依据。

测绘规划是实现国民经济和社会发展的战略目标所需要的测绘保障，是由主管机关根据我国测绘行业人力、物力、财力、资源状况制定出的测绘工作的长远目标、措施和安排。测绘规划可以分为5类：基础测绘规划、专业测绘规划、军事测绘规划、地籍测绘规划、海洋基础测绘规划。其中：基础测绘规划分为两级，即全国性的基础测绘和其他重大测绘项目规划，省级局部地区的基础测绘和其他重大测绘项目规划。测绘规划编制主要有两项原则：①根据实际情况编制。即根据国民经济与社会发展、经济建设的需要，在充分考虑规划实施期限、局部与全局衔接、测绘项目的特点等实际因素基础上编制。②统一规划与分部门规划相结合。即全国性基础测绘、国家重点测绘项目，实行统一规划、分工实施；省级测绘项目、专业测绘项目，测绘规划由省、各有关部门根据本地、本部门实际来编制。

根据《中华人民共和国测绘法》，编制测绘规划的程序如下：①全国性的基础测绘和其他重大测绘项目的规划，由国务院测绘行政主管部门进行编制，并按照分工组织实施；②省、自治区、直辖市人民政府管理测绘工作的部门根据需要，可以编制本行政区域内的局部地区的基础测绘和其他重大测绘项目规划，报国务院测绘行政主管部门备案后，组织实施；③专业测绘规划，由国务院其他有关部门编制本部门专业测绘规划，报国务院测绘行政主管部门备案后，组织实施；④军事测绘规划，由军队测绘主管部门编制，并组织实施；⑤地籍测绘规划，由国务院测绘行政主管部门会同国务院土地管理部门和国务院其他有关部门编制，并由国务院测绘行政主管部门组织协调地籍测绘工作。

《中华人民共和国测绘法》第十七条对海洋基础测绘规划的编制也规定了授权性条款。海洋测绘是一项广泛应用于国家经济建设、国防建设、科学研究和政府行政管理的测绘工作，保障了国家建设和海防的需要。

（二）测绘任务

测绘单位承担的测绘工程项目也称作测绘任务。测绘任务按其性质可分为以下几类。

国家和地方的计划性测绘任务：是由国家和地方测绘主管部门根据经济建设和社会发展需要，经过统一规划，纳入国家和地方测绘计划，以国家基本测绘计划下达给测绘单位，必须保证按时、保质、保量完成的测绘项目。一般指国家和地方的基础测绘项目、地籍测绘项目、重大测量项目等。

国务院主管部门和省一级专业主管部门的计划性测绘任务：是指各经济建设主管部门根据本部门专业工作需要，纳入本部门计划的测绘项目，如计划性的地质勘探测量、铁道测量等项目。

市场调节的测绘任务：是指测绘生产单位接受企事业单位委托，以经济合同形式确定的测绘项目或根据市场需要自行安排的测绘任务。

（三）测绘实施

测绘实施是指测绘主管部门和测绘生产单位为了落实测绘规划、计划而采取的措施，一般分为宏观和微观两大类。

宏观测绘实施主要指国务院测绘行政主管部门、国务院其他有关部门、军队测绘主管部门以及省、自治区、直辖市人民政府测绘行政主管部门根据《中华人民共和国测绘法》规定的权限和分工对测绘规划的组织实施工作。

微观测绘实施主要指测绘生产单位为完成上级批准下达的年度计划任务，或与社会用户签订的测绘项目合同、协议而进行的组织实施工作。随着测绘市场的形成，与社会用户签订的测绘合同、协议会越来越多。

二、测绘资质

（一）测绘资质管理

1. 测绘资质

从事测绘活动的单位应当具备相应的素质和能力，具体如下：①从事测绘活动的单位的人员必须具备测绘专业技术素质；②从事测绘活动的单位必须具备必要的仪器设备；③从事测绘活动的单位必须具备严格的质量保证体系；④从事测绘活动的单位必须具备严格的测绘成果资料保管和保密制度；⑤从事测绘活动的单位要具备一定的测绘生产能力；⑥从事测绘活动的单位的主体性质要符合我国法律规定。

2. 测绘资质管理

测绘资质管理是一项法定制度。《中华人民共和国测绘法》规定：国家对从事测绘活动的单位实行测绘资质管理制度。

从事测绘活动的单位需要具备以下条件。首先，承担测绘任务的单位必须有一支与其所从事测绘任务相适应的技术人员队伍。测绘工作具有很强的专业性，技术要求高，必须由受过专门的技术教育、技术培训的人员来完成。这是保证测绘生产正常进行，保证测绘产品符合质量标准的前提。这支技术人员队伍，必须由专业技术人员、技术工人和检查验收人员组成，应当具有合理的专业结构。其次，承担测绘任务的单位应该拥有能够完成其所要从事的测绘任务所必需的仪器设备和设施。测绘任务是专业技术任务，不同种类的测绘任务要求使用不同的专业仪器设备。仪器设备和设施是保证完成测绘任务的技术手段，测绘任务要求的精度高，其相应的仪器精度也要提高。因此，它是测绘资质审查的重要内容之一。由于测绘仪器设备和设施都是计量器具，在审查是否具有相应的仪器设备和设施的同时，还应当检查这些仪器设备是否符合《中华人民共和国计量法》的有关规定，并经过计量检测为合格的。

对进入测绘市场的主体进行资质审查，是一种市场准入制度。由主管机关根据从事测绘活动单位所具有的技术条件（包括技术人员、设备和设施），经过资格评定，确认其是否具有与其业务能力相适应的资质，对符合要求的发给相应资质证书，使通过审查许可的单位获得法律赋予的测绘权利。建立测绘资质审查制度的目的是限制低水平重复建设测绘队伍，规范测绘市场主体，创造测绘市场公平竞争的环境。测绘资质管理是指测绘行政主管部门对测绘资质制定具体规定，对从事测绘活动的单位进行测绘资质审查、发放测绘资质证书、依法对测绘活动进行监督、查处无证测绘等行政行为。

测绘资质实行统一监督管理。测绘资质管理是一项统一监督管理制度。主要体现在：①测绘资质条件统一规定，除法定的几项条件（需要细化）外，其他条件由国务院测绘行政主管部门规定；②资质管理的具体办法统一规定，即由国务院测绘行政主管部门商讨有关部门规定；③测绘资质证书的式样统一规定，即测绘资质证书的式样由国务院测绘行政主管部门统一规定；④统一由测绘行政主管部门进行测绘资质审查和统一颁发资质证书，即国务院测绘行政主管部门和省、自治区、直辖市人民政府测绘行政主管部门负责对从事测绘活动的单位进行测绘资质审查、发放资质证书；⑤统一监督执法，对于违反测绘资质管理规定的行为由测绘行政主管部门统一进行查处。当然，这里也有一点例外，就是军事测绘单位的资质审查由军队测绘主管部门负责。

测绘资质管理制度是一项行政许可制度。行政许可是指国家行政机关根据相对人的申请，依法以颁发特定证照等方式，准许相对人行使某种权利，获得从事某种活动资格的一种具体行政行为。但是这种权利和资格并非任何人都能取得。如果任何人都能取得，则没有必要经过专门的行政机关予以许可。从这个意义上讲，行政许可是将对一般人应禁止的事项，对特定人解除其禁止，从而使特定人取得一般人所不能得到的某种权利和资格。《中华人民共和国测绘法》明确规定，应对从事测绘活动的单位实行资质审查制度，即一般情况下禁止任何单位和个人从事测绘活动，只有通过国务院测绘行政主管部门和省、自治区、直辖市人民政府测绘行政主管部门资质审查并领取资质证书的单位，才能解除法律规定对从事测绘活动的禁止，才能获得从事测绘活动的权利和资格。测绘是一个特殊的行业，涉及公共利益、公共安全和国家安全，所以只有符合特定条件的人才能获得相应的权利和资格。测绘单位从事测绘活动的权利是由国家赋予的，是有限的，得不到国家的许可是不能从事测绘活动的。

（二）测绘资质管理的原则

既然测绘资质管理制度是一项行政许可制度，那么我们就要按照依法行政的原则，以《中华人民共和国测绘法》《中华人民共和国行政许可法》等法律法规为依据实施这项制度。测绘资质管理原则包括以下几项。

1. 依法原则

由于测绘资质审查制度直接关系公民、法人和其他组织的权利，制定具体办法必须符合有关法律的规定，不得违反有关的法律。例如，《行政许可法》对行政许可的原则、设定、实施机关、程序、监督检查等都做出规定，《中华人民共和国测绘法》对测绘资质的条件、管理机构、资质管理制度的实施等作出规定，在进行测绘资质管理中必须执行这些法律的规定。

2. 统一管理原则

我国社会主义市场经济发展、行政管理体制改革、测绘事业发展、加入世界贸易组织、维护国家安全、测绘行业客观情况、加强测绘管理等都要求对测绘资质实行统一管理，避免多头管理导致政令不畅、不公平竞争、市场混乱、危害国家安全和增加测绘单位负担等弊端。多头管理危害无穷，统一管理势在必行。

3. 公开、透明原则

设定测绘资质审查的法律文件，测绘资质审查的条件、程序，都必须公开、透明。

4. 公正、公平原则

设定和实施测绘资质审查，必须平等对待同等条件的个人和组织，不得歧视。

5. 便民、效率原则

测绘资质审查在程序设置上必须体现方便申请人、提高行政效率的要求。

6. 救济原则

救济原则包括在实施测绘资质审查时，申请人有权陈述、申辩、依法请求听证、申请复议和提起诉讼等。

7. 诚实信用、信赖保护原则

要求政府的行政活动具有真实性、稳定性，行政机关制定的规范或做出的行为应具有稳定性，不能变化无常，不能溯及既往。行政机关不得随意变更或撤销测绘资质。因公共利益的需要，必须撤销或变更测绘资质的，行政机关应负责补偿损失。

8. 监督与责任原则

谁审批，谁监督，谁负责。测绘资质审查要与行政机关的利益脱钩，与责任挂钩。行政机关不履行监督责任或监督不力，甚至滥用职权、以权谋私的，必须承担法律责任。

（三）测绘资质管理的要点

1. 制定测绘资质管理规定和规定测绘资质证书的式样

依法行政是测绘资质管理的基本原则,《中华人民共和国测绘法》规定了国家实行测绘资质管理制度，并授权国务院测绘行政主管部门会商国务院有关部门制定具体的管理办法，这是一种权利，更是一种责任。《中华人民共和国测绘法》仅做出测绘资质管理的原则性规定，而测绘资质管理的许多具体问题需要具体规定，如测绘的业务范围、资质等级、资质条件、资质审查程序、资质审查内容、资质审查主体、不同等级测绘资质证书的效力等。

2. 测绘资质审查和发放测绘资质证书

测绘资质审查是指对申请测绘行政许可的单位的条件依法进行审查，对符合条件的依法予以行政许可。

测绘资质管理是动态管理，其动态特征是：①持有下一等级测绘资质证书的单位申请上一等级测绘资质证书的情况经常发生；②新组建的测绘单位申请测绘资质证书；③已经取得测绘资质证书的测绘单位申请变更业务范围；④在我国的改革中，测绘单位重组或者改制随时出现；⑤测绘资质证书载明的单位名称和法定代表人经常变更等。

3. 对测绘资质证书持证单位进行年度注册

由于我国正处在改革发展过程中，测绘资质证书持证单位的情况变化也比较快，重组、改制、合并、拆分的情况不断发生，甚至有些单位撤销、解散、兼并。因此，对于取得测绘资质证书的单位要进行动态管理，对已经不存在的单位要及时取消测绘资质证书，对已经不符合所持资质证书规定条件的要及时给予降低等级或取消资质证书，对于有违法行为的单位要依法予以查处和依法给予降低等级或者吊销测绘资质证书的处理。为了有效地实施动态管理，应当对测绘资质证书持证单位进行年度注册。

年度注册是指每一年度在国务院测绘行政主管部门统一部署下，国务院测绘行政主管部门和省、自治区、直辖市测绘行政主管部门按照规定的程序、在规定的时间内、按规定的条件和规定的内容对测绘单位进行核查，确认其是否继续符合测绘资质的基本条件。

4. 检查和处理未取得测绘资质证书和超越资质等级许可的范围从事测绘活动的违法行为

《中华人民共和国测绘法》第五十五条规定：违反本法规定，未取得测绘资质证书，擅自从事测绘活动的，责令停止违法行为，没收违法所得和测绘成果，并处测绘约定报酬一倍以上二倍以下的罚款；情节严重的，没收测绘工具。以欺骗手段取得测绘资质证书从事测绘活动的，吊销测绘资质证书，没收违法所得和测绘成果，并处测绘约定报酬一倍以上二倍以下的罚款；情节严重的，没收测绘工具。

《中华人民共和国测绘法》第五十六条规定：违反本法规定，测绘单位有下列行为之一的，责令停止违法行为，没收违法所得和测绘成果，处测绘约定报酬一倍以上二倍以下的罚款，并可以责令停业整顿或者降低测绘资质等级；情节严重的，吊销测绘资质证书：①超越资质等级许可的范围从事测绘活动；②以其他测绘单位的名义从事测绘活动；③允许其他单位以本单位的名义从事测绘活动。

（四）测绘资质管理机构

我国现行测绘法律法规规定，县级以上人民政府测绘行政主管部门的职责如下。

国务院测绘行政主管部门的职责：①统一监督管理全国测绘资质；②制定测绘资质管理的具体办法；③规定测绘资质证书式样；④负责全国甲级测绘资质的审查、发证；⑤查处重大的“无证”测绘案件。

省、自治区、直辖市测绘行政主管部门的职责：①本行政区域测绘资质的监督管理；②受理本行政区域测绘单位资质申请；③本行政区域甲级测绘资质申请的初审；④本行政区域乙、丙、丁级测绘资质的审查、发证；⑤查处本行政区域内违反测绘资质管理规定的案件。

市（地）级测绘行政主管部门的职责：不承担测绘资质审查的职责，但应当依法履行对测绘活动的监督，查处违反测绘资质管理规定的案件，也可以依据规定受省、自治区、直辖市测绘行政主管部门的委托承担部分初审工作。

县级测绘行政主管部门的职责：不承担测绘资质审查的职责，但应当依法履行对测绘活动的监督，查处违反测绘资质管理规定的案件。

（五）测绘资质等级与业务范围

根据从事测绘活动的单位的规模、管理水平、能力，将测绘资质划分为甲、乙、丙、丁 4 个等级，甲级是最高等级，丁级是最低等级。

在《测绘资质分级标准》中，对各等级测绘资质分别规定了不同的条件，上一等级的资质条件高于下一等级的资质条件，这些条件包括单位资产规模、专业技术人员数量、仪器设备种类和数量、办公场所面积、质量管理体系、档案和保密管理、测绘业绩等。

测绘工作涉及领域广泛，工序比较复杂，科学、合理地划分测绘业务类别是测绘资质管理一项很重要的基础工作。目前，由于从事测绘活动的单位的实际状况差别很大，往往很多测绘单位难以同时具备多项业务能力，有些测绘工作也不需要承担单位具备综合能力，因此国家对测绘业务类别的划分非常具体。测绘业务划分为大地测量、测绘航空摄影、摄影测量与遥感、工程测量、地籍测绘、房产测绘、行政区域界线测绘、地理信息系统工程、海洋测绘、地图编制、导航电子地图制作、互联网地图服务。

在甲、乙、丙、丁4个级别的测绘资质中，丙级测绘资质的业务范围仅限于工程测量、摄影测量与遥感、地籍测绘、房产测绘、地理信息系统工程、海洋测绘，且不超过上述范围内的4项业务。丁级测绘资质的业务范围仅限于工程测量、地籍测绘、房产测绘、海洋测绘，且不超过上述范围内的3项业务。

（六）测绘资质申请与审批

1. 测绘资质申请

申请测绘资质的单位，要根据自身业务发展需要和自身条件确定要申请的资质等级和业务范围，并按照规定向可以受理本单位资质申请的测绘资质管理机关提交申请材料。

初次申请测绘资质和申请测绘资质升级的需要提交测绘资质申请表，企业法人营业执照或者事业单位法人证书，法定代表人的简历及任命或者聘任文件，符合规定数量的专业技术人员的任职资格证书、任命或者聘用文件、劳动合同、毕业证书、身份证等证明材料，当年单位在职专业技术人员名册，符合省级以上测绘行政主管部门认可的测绘仪器检定单位出具的检定证书、购买发票、调拨单等证明材料，测绘质量保证体系、测绘成果及资料档案管理制度，测绘生产和成果的保密管理制度、管理人员、工作机构和基本设施等证明，单位住所及办公场所证明，反映本单位技术水平的测绘业绩及获奖证明（初次申请测绘资质可不提供），其他应当提供的材料。

2. 资质受理、审查、发证

各等级测绘资质申请由单位所在地的省、自治区、直辖市测绘行政主管部门受理。测绘资质受理机关应当自收到申请材料之日起5日内做出受理决定。申请单位涉嫌违法测绘被立案调查的，案件结案前，不受理其测绘资质申请。

测绘资质申请受理后，测绘资质审批机关应当自受理申请之日起20日内做出审批决定。20日内不能做出决定的，经测绘资质审批机关领导批准，可以延长10日，并应当将延长期限的理由告知申请单位。

申请单位符合法定条件的，测绘资质审批机关应当做出拟批准的书面决定，向社会公示7日，并于做出正式批准决定之日起10日内向申请单位颁发《测绘资质证书》。

测绘资质审批机关做出不予批准的决定，应当向申请单位书面说明理由。

3. 测绘资质证书

根据《测绘资质管理规定》,《测绘资质证书》分为正本和副本，由国家测绘局统一印制，正本和副本具有同等法律效力。

《测绘资质证书》有效期最长不超过 5 年。编号形式为等级 + 测资字 + 省、自治区、直辖市编号 + 顺序号。

《测绘资质证书》有效期满需要延续的，测绘单位应当在有效期满 60 日前，向测绘资质审批机关申请办理延续手续。

对在《测绘资质证书》有效期内遵守有关法规、技术标准，信用档案无不良记录且继续符合测绘资质条件的单位，经测绘资质审批机关批准，有效期延续 5 年。

4. 测绘资质的升级

测绘单位自取得《测绘资质证书》之日起，原则上 3 年后方可申请升级。初次申请测绘资质原则上不得超过乙级。申请的测绘专业只设甲级的，不受前款规定限制。

5. 测绘资质证书的换新和补证

测绘单位在领取新的《测绘资质证书》的同时，需将原《测绘资质证书》交回测绘资质审批机关。

测绘单位若遗失《测绘资质证书》，应当及时在公众媒体上刊登遗失声明，持补证申请等其他证明材料到测绘资质审批机关办理补证手续。测绘资质审批机关应当在 5 日内办理完毕。

（七）测绘资质年度注册

1. 年度注册时间

《测绘管理规定》第十九条规定：测绘资质年度注册时间为每年的 3 月 1 日至 31 日。测绘单位应当于每年的 1 月 20 日至 2 月 28 日按照本规定的要求向省级测绘行政主管部门或其委托设区的市（州）级测绘行政主管部门报送年度注册的相关材料。取得测绘资质未满六个月的单位，可以不参加年度注册。

2. 年度注册程序

年度注册主要程序：①测绘单位按照规定填写《测绘资质年度注册报告书》，并在规定期限内报送相应测绘行政主管部门；②测绘行政主管部门受理、核查有关材料；③测绘行政主管部门对符合年度注册条件的，予以注册，对缓期注册的，应当向测绘单位书面说明理由；④省级测绘行政主管部门向社会公布年度注册结果。测绘资质年度注册专用标识式样由国家测绘局统一规定。

3. 年度注册核查的主要内容

年度注册核查主要内容：①单位性质、名称、住所、法定代表人及专业技术人员变更情况；②测绘单位的从业人员总数、注册资金及出资人的变化情况和上年度测绘服务总值；③测绘仪器设备检定及变更情况；④完成的主要测绘项目、测绘成果质量以及测绘项目备案和测绘成果汇交情况；⑤测绘生产和成果的保密管理情况；⑥单位信用情况；⑦违反测绘行为被依法处罚情况；⑧测绘行政主管部门需要核查的其他情况。

4. 缓期注册

有下列行为之一的，予以缓期注册：①未按时报送年度注册材料或者年度注册材料不符合规定要求的；②《测绘资质证书》记载事项应当变更而未申请变更的；③测绘仪器未按期检定的；④未按照规定备案登记测绘项目的；⑤经监督检验发现有测绘成果质量批次不合格的；⑥未按照规定汇交测绘成果的；⑦测绘单位无正当理由未参加年度注册的；⑧单位信用不良经核查属实的。

缓期注册的期限为 60 日。测绘行政主管部门应当书面告知测绘单位限期整改，整改后符合规定的，予以注册。

（八）测绘资质监督检查

各级测绘行政主管部门履行测绘资质监督检查职责，可以要求测绘单位提供专业技术人员名册及工资表、劳动保险证明、测绘仪器的购买发票及检定证书、测绘项目合同、测绘成果验收（检验）报告等有关材料，并可以对测绘单位的技术质量保证制度、保密管理制度、测绘资料档案管理制度的执行情况进行检查。有关单位和个人对依法进行的监督检查应当协助与配合，不得拒绝或者阻挠。

各级测绘行政主管部门应当加强测绘市场信用体系建设，将测绘单位的信用信息纳入测绘资质监督管理范围。取得测绘资质的单位应当向测绘资质审批机关提供真实、准确、完整的单位信用信息。

测绘行政主管部门应当对测绘单位违法从事测绘活动进行依法查处。测绘单位违法从事测绘活动被查处的，查处违法行为的测绘行政主管部门应当将违法事实、处理结果告知上级测绘行政主管部门和测绘资质审批机关。

各级测绘行政主管部门实施监督检查时，不得索取或者收受测绘单位的财物，不得谋取其他利益。

（九）测绘资质变更

《测绘资质管理规定》第二十九条规定，有下列情形之一的，测绘资质审批机关应当注销资质、降低资质等级或者核减相应业务范围：①测绘资质有效期满未延续的；②测绘单位依法终止的；③测绘资质审查决定依法被撤销、撤回的；④《测绘资质证书》依法被吊销的；⑤测绘单位在2年内未承担相应测绘项目的；⑥甲、乙级测绘单位在3年内未承担单项合同额分别为100万元以上和50万元以上测绘项目的；⑦测绘单位年度注册材料弄虚作假的；⑧测绘单位不符合相应测绘资质标准条件的；⑨缓期注册期间逾期未整改或者整改后仍不符合规定的；⑩测绘单位连续2次被缓期注册的。

此外，《测绘资质管理规定》第三十一条规定，测绘单位在从事测绘活动中，因泄露国家秘密被国家安全机关查处的，测绘资质审批机关应当注销其《测绘资质证书》。

测绘单位在申请之日前2年内有下列行为之一的，不予批准测绘资质升级和变更业务范围：①采用不正当手段承接测绘项目的；②将承接的测绘项目转包或者违规分包的；③经监督检验发现有测绘成果质量批次不合格的；④涂改、倒卖、出租、出借，或者以其他形式非法转让《测绘资质证书》的；⑤允许其他单位、个人以本单位名义承揽测绘项目的；⑥有其他违法违规行为的。

三、测绘执业资格

《中华人民共和国测绘法》第三十条规定：从事测绘活动的专业技术人员应当具备相应的执业资格条件。具体办法由国务院测绘行政主管部门会同国务院人事行政主管部门规定。为了实施该规定，国务院测绘行政主管部门会同国务院人事行政主管部门制定了《注册测绘师制度暂行规定》，将测绘执业资格确定为注册测绘师。

（一）测绘执业资格的概念

执业资格是指政府对某些责任较大、社会通用性强，关系公共利益的专业实行准入控制，是依法从事某一特定专业所具备的学识、技术和能力的标准。从这个概念上讲，包含以下几个特征。

执业资格是一种专业准入控制，不是任何人都可以具有的。

执业资格是行政许可，也就是说执业资格是要经过政府有关部门审批的，不经过审批是不能取得执业资格的。

执业资格具有特定对象，不是所有的专业都有执业资格的限制，只是对某些责任较大、社会通用性强、关系公共利益的专业设定执业资格。

取得执业资格的人应当具备相应的学识、技术和能力，且符合一定的标准。测绘事业是经济建设、国防建设、社会发展的基础性事业。测绘广泛服务于经济、国防、科学研究、文化教育、行政管理和人民生活等诸多领域，属于责任较大、社会通用性强、专业技术性强、关系公共利益的技术工作。测绘成果对国家版图、疆域的反映，体现了国家的主权和政府的意志。测绘成果的质量与国家经济建设和人民群众日常生活密切相关，地籍测绘、房产测绘及其他一些测绘成果的质量更是直接与人民群众的生活息息相关。所以，测绘执业资格也就理所当然地成为我国执业资格体系的成员。

一般来说，测绘执业资格是指自然人（公民、个人）从事测绘专业技术活动应当具备的知识、技术水平和能力等，包括以下几个方面：①具有测绘理论知识；②具有基本的测绘专业技术水平；③具有所从事的专业技术工作的能力；④具备一定的运用法律知识和管理知识处理事务的能力。[①]

（二）测绘执业资格管理制度

1. 测绘执业资格管理的概念

测绘执业资格管理是指国家对测绘执业资格作出具体规定，对从事测绘活动的测绘专业技术人员进行测绘执业资格考试、发放测绘执业资格证书、进行审验注册、依法查处非法从事测绘活动等。

2. 测绘执业资格管理的特征

测绘执业资格管理是一项法定的制度。从事测绘活动的专业技术人员应当具备相应的执业资格条件，具体办法由国务院测绘行政主管部门会同国务院人事行政主管部门规定。这项规定包括以下含义：①国家实行测绘执业资格管理制度；②从事测绘活动的测绘专业技术人员必须具备执业资格条件；③国家要制定测绘执业资格的管理办法；④国务院人事行政主管部门和国务院测绘行政主管部门承

① 吴庆忠 . 测绘管理概论 [M]. 徐州：中国矿业大学出版社，2011.

担相应测绘执业资格管理责任。

测绘执业资格管理制度是一种行政许可制度。从事测绘活动的个人只有按照国家有关规定，经过法定的程序，才能获得从事测绘活动的权利和资格。根据我国现行的行政管理体制，全国各行业的执业资格是在国务院人事行政部门的指导下，由行业主管部门负责管理本行业的执业资格。

3. 测绘执业资格管理的法律规定

《中华人民共和国测绘法》规定的执业资格管理制度包括以下内容。

在法律上确定测绘执业资格制度。《中华人民共和国测绘法》规定，从事测绘活动的专业技术人员应当具备相应的执业资格条件。这项法律制度的特点：①规范的主体是从事测绘活动的专业技术人员；②规范的内容是执业资格；③从事测绘活动的专业技术人员必须具备所从事的测绘活动的条件。

在法律上确定测绘执业资格的管理制度。《中华人民共和国测绘法》规定，执业资格管理的具体办法由国务院测绘行政主管部门会同国务院人事行政主管部门制定。这项法律规定的特点：①要求制定执业资格具体管理的具体办法；②授权国务院测绘行政主管部门会同国务院人事行政主管部门制定测绘执业资格具体管理办法。

规范测绘执业资格证书的式样。《中华人民共和国测绘法》规定，测绘专业技术人员的执业证书的式样由国务院测绘行政主管部门统一规定。这项法律规定的特点：①测绘执业资格证书的式样要全国统一，并在全国通行使用，不允许存在多种式样的测绘执业资格证书；②进一步确定了测绘行政主管部门的测绘执业资格的管理权限，将规定全国统一的测绘执业资格证书的式样授权给国务院测绘行政主管部门；③测绘执业资格证书应当由国务院测绘行政主管部门组织发放。

规定对未取得测绘执业资格，擅自从事测绘活动的法律责任。《中华人民共和国测绘法》规定：违反本法规定，未取得测绘执业资格，擅自从事测绘活动的，责令停止违法行为，没收违法所得和测绘成果，对其所在单位可以处违法所得二倍以下的罚款；情节严重的，没收测绘工具；造成损失的，依法承担赔偿责任。

（三）注册测绘师

1. 注册测绘师的概念

《中华人民共和国测绘法》规定，测绘专业技术人员要具备相应的执业资格条件。执业资格是一个抽象的概念，是一种通用的称谓，适用于各个行业。但是每个行业的执业资格都有各自的特征，例如，建筑行业具有法定执业资格的专业技术人员称为注册建筑师，会计行业具有法定执业资格的人员称为注册会计师。在国家测绘局、原人事部共同发布的《注册测绘师制度暂行规定》中，将具有法定执业资格的测绘专业技术人员称为注册测绘师。也就是说，取得注册测绘师资格的人员具有法定的测绘执业资格。所以，法定的测绘执业资格制度在具体实施中定义为注册测绘师制度。

《注册测绘师制度暂行规定》第四条规定：本规定所称注册测绘师，是指经考试取得《中华人民共和国注册测绘师资格证书》，并依法注册后，从事测绘活动的专业技术人员。

注册测绘师的定义具有以下几个特征：①注册测绘师资格的法定证件是《中华人民共和国注册测绘师资格证书》，只有取得该证书的人员，才具有注册测绘师资格；未取得该证书的人员，不具有注册测绘师资格；②取得注册测绘师资格必须经过考试，未经考试或者考试不合格的，不能取得注册测绘师资格，也就不能获得《中华人民共和国注册测绘师资格证书》；③取得注册测绘师资格的人员，必须经过注册后，才能以注册测绘师的名义执业；④注册测绘师是从事测绘活动的专业技术人员。

2. 取得注册测绘师资格应当具备的基本条件

政治条件。中华人民共和国公民，遵守国家法律法规，恪守职业道德。

业务条件。测绘类专业大学专科学历，从事测绘业务工作满 6 年；或者测绘类专业大学本科学历，从事测绘业务工作满 4 年；或者含测绘类专业在内的双学士学位或者测绘类专业研究生班毕业，从事测绘业务工作满 3 年；或者测绘类专业硕士学位，从事测绘业务工作满 2 年；或者测绘类专业博士学位，从事测绘业务工作满 1 年；其他理学类或者工学类专业学历或者学位的人员，其从事测绘业务工作年限相应增加 2 年。

考试合格。参加依照《注册测绘师制度暂行规定》组织的注册测绘师资格考试，并在一个考试年度内考试科目全部合格。

3. 注册测绘师资格考试方法

注册测绘师资格考试实行全国统一课程标准、统一命题的制度，原则上每年举行一次。国家测绘局负责拟定考试科目、课程标准、考试试题，研究建立并管理考试题库，提出考试合格标准建议。人事部组织专家审定考试科目、考试大纲和考试试题，会同国家测绘局确定考试合格标准和对考试工作进行指导、监督、检查。

注册测绘师资格考试设 3 个科目，分别为《测绘综合能力》《测绘管理与法律法规》和《测绘案例分析》。

4. 注册测绘师资格证书

符合注册测绘师资格基本条件者可以取得注册测绘师资格，由国家颁发《中华人民共和国注册测绘师资格证书》，该证书是持有人测绘专业水平能力的证明，在全国范围内有效。

《中华人民共和国注册测绘师资格证书》由原人事部统一印制，原人事部、国家测绘局共同用印。对以不正当手段取得《中华人民共和国注册测绘师资格证书》的，由发证机关收回。自收回该证书之日起，当事人 3 年内不得再次参加注册测绘师资格考试。

5. 注册测绘师的注册

（1）注册的意义

国家对注册测绘师资格实行注册执业管理，取得《中华人民共和国注册测绘师资格证书》的人员，经过注册后方可以注册测绘师的名义从事测绘活动。也就是说，未经法定机构注册，即使持有《中华人民共和国注册测绘师资格证书》也不能以注册测绘师的名义从事测绘活动。

注册管理是执业资格制度工作的重要环节，是建立执业资格制度的根本目的，也是区别于其他职称评审或职称考试的主要特点：①执业资格不是终身制，随着行业的发展，它的标准是不断调整的，主要方法是继续教育和再注册；②执业资格的标准不仅是技术水平，而且是法律法规、技术水平、职业道德的复合型标准，执业资格对专业技术人员来说，既是权利也是责任，是权利和责任的统一，体现了对专业技术人员依法执业的要求。只有注册管理到位了，才能真正起到规范执业秩序的作用。

（2）注册的管理主体和申请注册条件

国家测绘局为注册测绘师资格的注册审批机构。各省、自治区、直辖市人民政府测绘行政主管部门负责注册测绘师资格的注册审查工作。

申请注册应当具备的条件：①持有《中华人民共和国注册测绘师资格证书》；

②应受聘于一个具有测绘资质的单位，并且只能受聘于一个有测绘资质的单位，以注册测绘师名义执业。

（3）申请注册

具有注册测绘师资格的人员，应当通过聘用单位所在地的测绘行政主管部门，向省、自治区、直辖市人民政府测绘行政主管部门提出注册申请。

初始注册。初始注册者，可自取得《中华人民共和国注册测绘师资格证书》之日起1年内提出注册申请。逾期未申请者，在申请初始注册时，需符合《注册测绘师制度暂行规定》有关继续教育要求。初始注册需要提交《中华人民共和国注册测绘师初始注册申请表》、《中华人民共和国注册测绘师资格证书》、与聘用单位签订的劳动或者聘用合同、逾期申请注册的人员的继续教育证明材料。

延续注册。注册有效期届满需继续执业，且符合注册条件的，应在届满前30个工作日内申请延续注册。延续注册需要提交《中华人民共和国注册测绘师延续注册申请表》、与聘用单位签订的劳动或者聘用合同、达到注册期内继续教育要求的证明材料。

变更注册。在注册有效期内，注册测绘师变更执业单位，应与原聘用单位解除劳动关系，并申请变更注册。变更注册后，其《中华人民共和国注册测绘师注册证》和执业印章在原注册有效期内继续有效。变更注册需要提交《中华人民共和国注册测绘师变更注册申请表》、与新聘用单位签订的劳动或者聘用合同以及工作调动证明或者与原聘用单位解除劳动或者聘用合同的证明、退休人员的退休证明。

（4）受理注册申请

省、自治区、直辖市人民政府测绘行政主管部门在收到注册测绘师资格注册的申请材料后，对申请材料不齐全或者不符合法定形式的，应当当场或者在5个工作日内，一次告知申请人需要补正的全部内容，逾期不告知的，自收到申请材料之日起即为受理。

对受理或者不予受理的注册申请，均应出具加盖省、自治区、直辖市人民政府测绘行政主管部门专用印章和注明日期的书面凭证。

（5）审批

省、自治区、直辖市人民政府测绘行政主管部门自受理注册申请之日起20个工作日内，按规定条件和程序完成申报材料的审查工作，并将申报材料和审查意见报国家测绘局审批。国家测绘局自受理申报人员材料之日起20个工作日内做出审批决定。在规定的期限内不能做出审批决定的，应将延长的期限和理由告知申请人。国家测绘局自做出批准决定之日起10个工作日内，将批准决定送达经批准注册的申请人，并核发统一制作的《中华人民共和国注册测绘师注册证》和执业印章。对做出不予批准的决定，应当书面说明理由，并告知申请人享有依法申请行政复议或者提起行政诉讼的权利。

对于不符合注册条件的、不具有完全民事行为能力的、刑事处罚尚未执行完毕和因在测绘活动中受到刑事处罚，自刑事处罚执行完毕之日起至申请注册之日止不满3年的不予注册。法律法规规定不予注册的其他情形不予注册。

（6）注册有效期和注销注册

《中华人民共和国注册测绘师注册证》每一次注册有效期为3年。《中华人民共和国注册测绘师注册证》和执业印章在有效期限内是注册测绘师的执业凭证，由注册测绘师本人保管、使用。

注册申请人有下列情形之一的，应由注册测绘师本人或者聘用单位及时向当地省、自治区、直辖市人民政府测绘行政主管部门提出申请，由国家测绘局审核批准后，办理注销手续，收回《中华人民共和国注册测绘师注册证》和执业印章：①不具有完全民事行为能力的；②申请注销注册的；③注册有效期满且未延续注册的；④被依法撤销注册的；⑤受到刑事处罚的；⑥与聘用单位解除劳动或者聘用关系的；⑦聘用单位被依法取消测绘资质证书的；⑧聘用单位被吊销营业执照的；⑨因本人过失造成利害关系人重大经济损失的；⑩应当注销注册的其他情形。

被注销注册的人员，重新具备初始注册条件，并符合本规定继续教育要求的，可以遵照《注册测绘师制度暂行规定》第二十一、二十二、二十三、二十四条的规定执行。

（7）不予注册

注册申请人有下列情形之一的不予注册：①不具有完全民事行为能力的；②刑事处罚尚未执行完毕的；③因在测绘活动中受到刑事处罚，自刑事处罚执行完毕之日起至申请注册之日止不满3年的；④法律法规规定不予注册的其他情形。

（8）注册撤销

注册申请人以不正当手段取得注册的，应当予以撤销，并由国家测绘局依法给予行政处罚；当事人在3年内不得再次申请注册；构成犯罪的，依法追究刑事责任。

（9）公告与救济

国家测绘局应及时向社会公告注册测绘师注册有关情况。当事人对注销注册或者不予注册有异议的，可依法申请行政复议或者提起行政诉讼。

（10）继续教育

继续教育是注册测绘师延续注册、重新申请注册和逾期初始注册的必备条件。在每个注册期内，注册测绘师应按规定完成本专业的继续教育。

6. 注册测绘师的执业

执业岗位。注册测绘师应在一个具有测绘资质的单位，开展与该单位测绘资质等级和业务许可范围相应的测绘执业活动。

执业范围：①测绘项目技术设计；②测绘项目技术咨询和技术评估；③测绘项目技术管理、指导与监督；④测绘成果质量检验、审查、鉴定；⑤国务院有关部门规定的其他测绘业务。

执业能力：①熟悉并掌握国家测绘及相关法律法规和规章；②了解国际、国内测绘技术发展状况，具有较丰富的专业知识和技术工作经验，能够处理较复杂的技术问题；③熟练运用测绘相关标准、规范、技术手段，完成测绘项目技术设计、咨询、评估及测绘成果质量检验管理；④具有组织实施测绘项目的能力。

执业效力与责任。在测绘活动中形成的技术设计和测绘成果质量文件，必须由注册测绘师签字并加盖执业印章后方可生效。修改经注册测绘师签字盖章的测绘文件，应由该注册测绘师本人进行；因特殊情况，该注册测绘师不能进行修改的，应由其他注册测绘师修改，并签字、加盖印章，同时对修改部分承担责任。因测绘成果质量问题造成的经济损失，接受委托的单位应承担赔偿责任。接受委托的单位依法向承担测绘业务的注册测绘师追偿。

执业收费。注册测绘师从事执业活动，由其所在单位接受委托并统一收费。

7. 注册测绘师的权利义务

享有的权利：①使用注册测绘师称谓；②保管和使用本人的《中华人民共和国注册测绘师注册证》和执业印章；③在规定的范围内从事测绘执业活动；④接受继续教育；⑤对违反法律法规和有关技术规范的行为提出劝告，并向上级测绘行政主管部门报告；⑥获得与执业责任相应的劳动报酬；⑦对侵犯本人执业权利的行为进行申诉。

履行的义务：①遵守法律、行政法规和有关管理规定，恪守职业道德；②执行测绘技术标准和规范；③履行岗位职责，保证执业活动成果质量，并承担相应责任；④保守知悉的国家秘密和委托单位的商业、技术秘密；⑤只受聘于一个有测绘资质的单位执业；⑥不准他人以本人名义执业；⑦更新专业知识，提高专业技术水平；⑧完成注册管理机构交办的相关工作。

第三节　测绘成果管理

一、测绘成果的概念与特征

（一）测绘成果的概念

测绘成果是指通过测绘形成的数据、信息、图件及相关的技术资料，是各类测绘活动形成的记录和描述自然地理要素或者地表人工设施的形状、大小、空间位置及其属性的地理信息、数据、资料、图件和档案。测绘成果分为基础测绘成果和非基础测绘成果。基础测绘成果包括全国性基础测绘成果和地区性基础测绘成果。

测绘成果的表现形式主要包括数据、信息、图件以及相关的技术资料：①天文测量、大地测量、卫星大地测量、重力测量的数据和图件；②航空航天摄影和遥感的底片、磁带；③各种地图（包括地形图、普通地图、地籍图、海图和其他有关的专题地图等）及其数字化成果；④各类基础地理信息以及在基础地理信息基础上挖掘、分析形成的信息；⑤工程测量数据和图件；⑥地理信息系统中的测绘数据及其运行软件；⑦其他有关地理信息数据；⑧与测绘成果直接有关的技术资料、档案等。

（二）测绘成果的特征

测绘成果是国家重要的基础性信息资源，而作为测绘成果主要表现形式的基础地理信息是数据量最大、覆盖面最宽、应用面最广的战略性信息资源之一，基础地理信息资源的规模、品种和服务水平等已经成为国家信息化水平的重要标志。从测绘成果本身的含义及应用范围等方面来归纳分析，测绘成果具有下列基本特征。

1. 科学性

测绘成果的生产、加工和处理等各个环节都是依据一定的数学基础、测量理论和特定的测绘仪器设备及特定的软件系统来进行，因而测绘成果具有科学性的特点。

2. 保密性

测绘成果涉及自然地理要素和地表人工设施的形状、大小、空间位置及其属性，大部分测绘成果都涉及国家安全和利益，具有严格的保密性。

3. 系统性

不同的测绘成果以及测绘成果的不同表示形式，都是依据一定的数学基础和投影法则，在一定的测绘基准和测绘系统控制下，按照先控制、后碎部，先整体、后局部的原则，有着内在的关联，具有系统性。

4. 专业性

不同种类的测绘成果，由于专业不同，其表示形式和精度要求也不尽相同。如大地测量成果与房产测绘成果及地籍测绘成果等都有着明显的区别，带有很强的专业性。这种专业性不仅体现为应用领域和成果作用的不同，还体现为成果精度的不同。

二、测绘成果质量

（一）测绘成果质量的概念

测绘成果质量是指测绘成果满足国家规定的测绘技术规范和标准以及满足用户期望目标值的程度。测绘成果质量不仅关系到各项工程建设的质量和安全，关系到经济社会发展规划决策的科学性、准确性，而且涉及国家主权、利益和民族尊严，影响着国家信息化建设。在实际工作中，测绘成果质量不合格使工程建设受到影响并造成重大损失的事例时有发生。提高测绘成果质量是国家信息化发展和重大工程建设质量的基础保证，是提高政府管理决策水平的重要途径，是维护国家主权和人民群众利益的现实需要。因此，加强测绘成果质量管理，保证测绘成果质量，对于维护公共安全和公共利益具有十分重要的意义。[①]

① 马泽忠 . 现代测绘成果质量管理方法与实践 [M]. 重庆：重庆大学出版社，2021.

（二）测绘成果质量的监督管理

《中华人民共和国测绘法》第四条规定：县级以上人民政府测绘行政主管部门应当加强对测绘成果质量的监督管理。依法进行测绘成果质量监督管理，是各级测绘行政主管部门的法定职责，也是测绘统一监督管理的重要内容。为加强测绘成果质量管理，国家测绘局先后制定了《测绘质量监督管理办法》《测绘产品质量监督检验办法》，以规范测绘成果质量管理责任。

1. 测绘行政主管部门质量监管的措施

测绘标准化对于保证测绘成果质量具有重要作用。各级测绘行政主管部门作为测绘成果质量监督管理的实施主体，加强对测绘标准化工作的管理，是实施质量监督的重要内容。一方面，测绘行政主管部门要通过制定国家标准和行业标准，加强质量、标准及计量基础工作，确保测绘成果质量。另一方面，测绘行政主管部门要加强对测绘计量检定人员资格的考核，严格测绘计量检定人员资格审批，做到持证上岗，保证量值的准确溯源和传递。

对测绘单位完成的测绘成果定期或者不定期进行监督检查，是各级测绘行政主管部门测绘成果质量监督的重要方法。通过定期开展测绘成果质量监督检查，及时发现问题，督促测绘单位进行整改。检查的主要内容一般包括质量管理制度建立情况、执行测绘技术标准的情况、产品质量状况、仪器设备的检定情况等。通过定期或者不定期检查，推动测绘单位加强测绘成果质量管理，完善各项质量管理制度和措施，确保测绘成果质量。对测绘成果质量监督检查的结果，要通过一定的方式向社会公布。

《中华人民共和国测绘法》将建立健全完善的测绘技术、质量保证体系作为测绘资质申请的一个基本条件，充分说明了建立健全测绘技术、质量保证体系对保证测绘成果质量的重要性。法律法规通过引导测绘单位建立健全测绘成果质量管理制度，能够促使测绘单位自觉规范自身的质量管理行为，明确测绘成果质量管理责任，加强测绘成果质量宣传教育，强化测绘成果质量管理，确保测绘成果质量。

依法查处测绘成果质量违法案件是加强测绘成果质量监督管理的重要措施和手段。通过查处测绘成果质量违法案件，充分发挥查办案件的治本功能，进一步增强测绘单位的质量意识，强化质量责任，从而有效保障测绘成果质量。《中华人民共和国测绘法》规定：测绘成果质量不合格的，责令测绘单位补测或者重测；

情节严重的，责令停业整顿，降低资质等级，直至吊销测绘资质证书；给用户造成损失的，依法承担赔偿责任。

2. 测绘单位的质量责任

测绘单位是测绘成果生产的主体，必须自觉遵守国家有关质量管理的法律法规和规章，对完成的测绘成果质量负责。测绘成果质量不合格的，不准投入使用，否则要依法承担相应的法律责任。

测绘单位应当建立健全测绘成果质量管理制度：①测绘单位应当经常进行质量教育，开展群众性质量管理活动，不断增强干部职工的质量意识，有计划、分层次地组织岗位技术培训，逐步实行持证上岗；②测绘单位必须建立健全测绘成果质量管理制度，甲、乙级单位应当设立专门的质量管理或者质量检查机构，丙级测绘单位应当设立专职质量检查人员，丁级测绘单位应当设立兼职质量检查人员；③测绘单位应当按照国家的《质量管理和质量保证》标准，推行全面质量管理，建立和完善测绘质量体系，甲级测绘单位应当通过 ISO9000 系列质量保证体系认证，乙级测绘单位应当通过 ISO9000 系列质量保证体系认证或者通过省级测绘行政主管部门考核，丙级测绘单位应当通过 ISO9000 系列质量保证体系认证，或者通过设区的市（州）级以上测绘行政主管部门考核，丁级测绘单位应当通过县级以上测绘行政主管部门考核。

测绘单位对其完成的测绘成果质量负责，承担相应的质量责任：①测绘单位的法定代表人确定本单位的质量方针和质量目标，签发质量手册，建立本单位的质量体系并保证有效运行，对本单位提供的测绘成果承担质量责任。②测绘单位的行政领导及总工程师（质量主管负责人）按照职责分工负责质量方针、质量目标的贯彻实施，签发有关的质量文件及作业指导书，处理生产过程中的重大技术问题和质量争议，审议技术总结，对本单位成果的技术设计质量负责。③测绘单位的质量管理机构及质量检查人员在规定的职权范围内，负责质量管理的日常工作；编制年度质量计划，贯彻技术标准和质量文件，对作业过程进行现场监督和检查，处理质量问题，组织实施内部质量审核工作；各级检查人员对其所检查的成果质量负责。④测绘生产人员必须严格执行操作规程，按照技术设计进行作业，并对作业质量负责；其他岗位的工作人员，应当严格执行有关的规章制度，保证本岗位的工作质量。因工作质量问题影响成果质量的，承担相应的质量责任。⑤测绘单位按照测绘项目的实际情况实行项目质量负责人制度，项目质量负责人对该测绘项目的产品质量负直接责任。

测绘成果必须经过检查验收，验收合格后方能对外利用：①测绘单位对测绘成果质量实行过程检查和最终检查。②测绘成果过程检查由测绘单位的中队（室、车间）检查人员承担。③测绘成果最终检查由测绘单位的质量管理机构负责实施。④验收工作由测绘项目的委托单位组织实施，或由该单位委托具有检验资格的检验机构验收，验收工作应在测绘成果最终检查合格后进行。⑤检查、验收人员与被检查单位在质量问题的处理上有分歧时，属检查中的，由测绘单位的总工程师裁定；属验收中的，由测绘单位上级质量管理机构裁定。凡委托验收中产生的分歧可报各省、自治区、直辖市测绘行政主管部门的质量管理机构裁定。

三、测绘成果汇交

测绘成果是国家基础性、战略性的信息资源，是国家花费大量人力、物力生产的宝贵财富和重要的空间地理信息，是国家进行各项工程建设和经济社会发展的重要基础。为充分发挥测绘成果的作用，提高测绘成果的使用效益，降低政府行政管理成本，实现测绘成果的共建共享，国家实行测绘成果汇交制度。

（一）测绘成果汇交的概念和特征

1. 测绘成果汇交的概念

测绘成果汇交是指向法定的测绘公共服务和公共管理机构提交测绘成果副本或者目录，由测绘公共服务和公共管理机构编制测绘成果目录，并向社会发布信息，利用汇交的测绘成果副本更新测绘公共产品和依法向社会提供利用。

2. 测绘成果汇交的特征

法定性。测绘成果汇交制度是《中华人民共和国测绘法》确定的一项重要法律制度。《中华人民共和国测绘法》和《中华人民共和国测绘成果管理条例》不仅规定了测绘成果汇交的主体、接受主体和汇交的形式，而且规定了测绘成果汇交的具体内容和具体程序。测绘成果汇交具有法定性特征。

无偿性。测绘成果汇交的目的是促进测绘成果的广泛利用，提高测绘成果的使用效益。《中华人民共和国测绘成果管理条例》规定了测绘成果目录或者副本实行无偿汇交的制度。

完整性。测绘成果具有科学性、系统性和专业性等特点，测绘成果所包含的数据、信息、图件及相关的技术资料是有机统一的整体，不可分割。如果只汇交了测量控制网坐标成果，而没有成果说明及技术设计等资料，那么整个控制网所采用的测量基准和测量系统等都是不可知的，测量成果也是不能使用的。因此，测绘成果汇交必须完整。测绘成果汇交具有完整性特征。

时效性。测绘成果所承载的自然地理要素或者地表人工设施的形状、大小、空间位置及其属性信息会不断发生变化，测绘成果汇交必须坚持一定的时效性。《中华人民共和国测绘成果管理条例》规定，测绘项目出资人或者承担国家投资的测绘项目的单位应当自测绘项目验收完成之日起 3 个月内，向测绘行政主管部门汇交测绘成果副本或者目录。

（二）测绘成果汇交的主体和内容

1. 测绘成果汇交的主体

测绘项目出资人。按照现行测绘法律、行政法规的规定，对没有使用国家投资的测绘项目，或者是由公民、法人或者其他组织自行出资的测绘项目，由测绘项目出资人按照规定向测绘项目所在地的省、自治区、直辖市测绘行政主管部门汇交测绘成果目录，测绘成果汇交的主体为测绘项目出资人。依法汇交测绘成果目录，是测绘项目出资人的法定义务。

承担测绘项目的测绘单位。基础测绘项目或者国家投资的其他测绘项目，测绘成果汇交的主体为承担测绘项目的单位，由测绘单位汇交测绘成果副本或者目录。中央财政投资完成的测绘项目，由承担测绘项目的单位向国务院测绘行政主管部门汇交测绘成果资料；地方财政投资完成的测绘项目，由承担测绘项目的单位向测绘项目所在地的省、自治区、直辖市人民政府测绘行政主管部门汇交测绘成果资料。属于基础测绘的，承担测绘项目的单位要依法汇交测绘成果副本。

中方部门或者单位。《中华人民共和国测绘成果管理条例》对外国的组织或者个人与中华人民共和国有关部门或者单位合资、合作，经批准在中华人民共和国领域内从事测绘活动的，明确规定测绘成果归中方部门或者单位所有，并由中方部门或者单位向国务院测绘行政主管部门汇交测绘成果副本。

市、县级测绘行政主管部门。随着我国测绘行政管理体制的不断完善，目前很多省、自治区、直辖市通过颁布地方性测绘法规和政府规章的方式，都坚持逐级进行测绘成果汇交的原则，从而使市、县级测绘行政主管部门成为成果汇交的一个特殊主体。测绘单位或者测绘项目出资人按照属地管理的原则，将测绘成果资料汇交至所在地测绘行政主管部门，然后按照规定的时限，由市、县级测绘行政主管部门统一汇交至省级测绘行政主管部门，使我国的测绘成果汇交制度得到了延伸。

2. 测绘成果汇交的内容

按照《中华人民共和国测绘法》《中华人民共和国测绘成果管理条例》和国家测绘局制定的《关于汇交测绘成果目录和副本的实施办法》规定，测绘成果汇交的主要内容包括测绘成果目录和副本两部分。

测绘成果目录：①按国家基准和技术标准施测的一、二、三、四等天文、三角、导线、长度、水准测量成果的目录；②重力测量成果的目录；③具有稳固地面标志的全球定位测量（GPS）、多普勒定位测量、卫星激光测距（SLR）等空间大地测量成果的目录；④用于测制各种比例尺地形图和专业测绘的航空摄影底片的目录；⑤我国自己拍摄的和收集国外的可用于测绘或修测地形图及其他专业测绘的卫星摄影底片和磁带的目录；⑥面积在 $10km^2$ 以上的 1 ∶ 500 ~ 1 ∶ 2000 比例尺地形图和整幅的 1 ∶ 5000 ~ 1 ∶ 100 万比例尺地形图（包括影像地图）的目录；⑦其他普通地图、地籍图、海图和专题地图的目录；⑧上级有关部门主管的跨省区、跨流域，面积在 $50km^2$ 以上，以及其他重大国家项目的工程测量的数据和图件目录；⑨县级以上地方人民政府主管的面积在省管限额以上（由各省、自治区、直辖市人民政府颁发的政府规章确定）的工程测量的数据和图件目录。

测绘成果副本：①按国家基准和技术标准施测的一、二、三、四等天文、三角、导线、长度、水准测量成果的成果表、展点图（路线图）、技术总结和验收报告的副本；②重力测量成果的成果表（含重力值归算、点位坐标和高程、重力异常值）、展点图、异常图、技术总结和验收报告的副本；③具有稳固地面标志的全球定位测量（GPS）、多普勒定位测量、卫星激光测距（SLR）等空间大地测量的测量成果、布网图、技术总结和验收报告的副本；④正式印制的地图，包括各种正式印刷的普通地图、政区地图、教学地图、交通旅游地图，以及全国性和省级的其他专题地图。

目前，国务院测绘行政主管部门和省、自治区、直辖市测绘行政主管部门负责成果汇交的具体职责权限还没有出台，但大多数省、自治区、直辖市通过地方性法规或政府规章等方式对测绘成果汇交进行了规定，测绘成果汇交制度基本得以实施，为促进测绘成果共享起到了积极的作用。

基础测绘成果汇交的内容。基础测绘成果是国家各项建设、公共服务中普遍使用和频繁使用的成果资料，具有公共产品的性质。依据《中华人民共和国测绘法》《中华人民共和国测绘成果管理条例》中的相关规定，属于基础测绘成果的，应当汇交副本；属于非基础测绘成果的，应当汇交目录。

基础测绘成果包括：①为建立全国统一的测绘基准和测绘系统进行的天文测量、三角测量、水准测量、卫星大地测量、重力测量所获取的数据、图件；②基础航空摄影所获取的数据、影像资料；③遥感卫星和其他航天飞行器对地观测所获取的基础地理信息遥感资料；④国家基本比例尺地图、影像图及其数字化产品；⑤基础地理信息系统的数据、信息等。上述基础测绘成果应当由承担基础测绘项目的测绘单位依法汇交测绘成果副本。

3. 测绘成果资料目录

测绘成果资料目录是测绘成果类别、规格和属性信息等的索引，是按照一定的分类规则将测绘成果的名称、数量、规格及属性等信息编制成册。测绘成果目录包括全国测绘成果目录和省级测绘成果目录。国家对测绘成果资料目录的编制非常重视。

按照我国现行测绘法律、行政法规的规定，测绘成果汇交的接收主体为国务院测绘行政主管部门和省、自治区、直辖市人民政府测绘行政主管部门，因此法律明确规定测绘成果目录由国务院测绘行政主管部门和省、自治区、直辖市人民政府测绘行政主管部门定期进行编制。测绘成果汇交的目的是促进测绘成果的利用，发挥测绘信息资源的作用。测绘成果资料目录是测绘成果的微观反映，只有及时向社会公布，才能让社会公众了解测绘行政主管部门所拥有的测绘成果，从而更好地发挥测绘成果的作用。测绘成果资料目录属于政府信息公开的重要内容，测绘行政主管部门应当依法进行公开。

（三）测绘成果汇交的法律责任

测绘成果汇交的法律责任，主要包括以下 3 个方面。

1. 不按照规定汇交测绘成果资料的法律责任

《中华人民共和国测绘法》对测绘成果汇交主体不按照规定汇交测绘成果资料的法律责任做出了规定。不汇交测绘成果资料的，责令限期汇交；逾期不汇交的，对测绘项目出资人处以重测所需费用一倍以上二倍以下的罚款；对承担国家投资的测绘项目的单位处 1 万元以上 5 万元以下的罚款，暂扣测绘资质证书，自暂扣测绘资质证书之日起 6 个月内仍不汇交测绘成果资料的，吊销测绘资质证书，并对负有直接责任的主管人员和其他直接责任人员依法给予行政处分。

2. 测绘行政主管部门的法律责任

《中华人民共和国测绘成果管理条例》对测绘行政主管部门的法律责任进行了规定。明确县级以上人民政府测绘行政主管部门有下列行为之一的，由本级人民政府或者上级人民政府测绘行政主管部门责令改正，通报批评；对直接负责的主管人员和其他直接责任人员，依法给予处分：①接收汇交的测绘成果副本或者目录，未依法出具汇交凭证的；②未及时向测绘成果保管单位移交测绘成果资料的；③未依法编制和公布测绘成果资料目录的；④发现违法行为或者接到对违法行为的举报后，不及时进行处理的；⑤不依法履行监督管理职责的其他行为。

3. 测绘成果保管单位的法律责任

《中华人民共和国测绘法》第六十条规定：违反本法规定，不汇交测绘成果资料的，责令限期汇交；测绘项目出资人逾期不汇交的，处重测所需费用一倍以上二倍以下的罚款；承担国家投资的测绘项目的单位逾期不汇交的，处五万元以上二十万元以下的罚款，并处暂扣测绘资质证书，自暂扣测绘资质证书之日起六个月内仍不汇交的，吊销测绘资质证书；对直接负责的主管人员和其他直接责任人员，依法给予处分。

四、测绘成果保管

（一）测绘成果保管的概念与特点

1. 测绘成果保管的概念

测绘成果保管是指测绘成果保管单位依照国家有关档案法律、行政法规的规定，采取科学的防护措施和手段，对测绘成果进行归档、保存和管理的活动。

测绘成果具有专业性、系统性、保密性等特点，同时，测绘成果又以纸质资料和数据形态共同存在，因此测绘成果保管不同于一般的文档资料。测绘成果资料的存放设施与条件，应当符合国家测绘、保密、消防及档案管理的有关规定和要求。

2. 测绘成果保管的特点

测绘成果保管要采取安全保障措施。由于测绘成果是广大测绘工作者在不同时期获取的自然地理要素和地表人工设施的真实反映，不仅数量大，而且测绘成果的获取需要花费大量人力、物力和财力，测绘成果一经丢失、损坏，便必须再到实地重新测绘才能获得。因此，测绘成果保管单位必须采取安全保障措施，保障测绘成果的完整和安全。测绘成果资料的存放设施与条件，应当符合国家保密、消防及档案管理的有关规定和要求。

基础测绘成果保管要采取异地备份存放制度。基础测绘是指建立全国统一的测绘基准和测绘系统，进行基础航空摄影，获取基础地理信息的遥感资料，测制和更新国家基本比例尺地图、影像图和数字化产品，建立、更新基础地理信息系统。基础测绘成果是国家经济建设、国防建设和社会发展的重要保障和基础，为保障国家基础测绘成果资料的安全，避免出现基础测绘成果资料由于意外情况造成毁坏、散失，《中华人民共和国测绘成果管理条例》规定：测绘成果保管单位应当建立健全测绘成果资料的保管制度，配备必要的设施，确保测绘成果资料的安全，并对基础测绘成果资料实行异地备份存放制度。

测绘成果应完整、安全。由于测绘成果的重要性、保密性和具有著作权特点，《中华人民共和国测绘成果管理条例》第三十四条规定：测绘成果保管单位应当采取措施保障测绘成果的完整和安全，并按照国家有关规定向社会公开和提供利用。

（二）测绘科技档案

测绘科技档案是指在测绘生产、科学研究、基本建设等活动中形成的应当归档保存的各种技术文件、技术标准、原始记录、计算资料、成果、成图、航空照片、卫星照片、磁带、磁盘、图纸、图表等，主要包括测绘管理档案、测绘生产技术档案、测绘科学研究档案、测绘教育档案、测绘仪器档案和测绘基建档案等。为加强测绘科技档案管理，国家测绘局、国家档案局对测绘科技档案的内容、机构及其职责、归档、保管、利用、销毁等做出了规定。[①]

1. 测绘科技档案管理职责

国务院测绘行政主管部门的职责：①贯彻国家科技档案资料工作的方针、政策和法规，负责制定与修改全国测绘科技档案资料管理制度、长远规划，组织协调地方与军队、国务院有关部门间的测绘科技档案工作；②指导、监督和检查全国测绘科技档案资料工作；③组织交流、推广测绘科技档案资料管理工作经验，

① 何宗宜．测绘管理与法律法规 [M]. 武汉：武汉大学出版社，2024.

组织档案资料管理人员的业务培训，提高他们的业务知识和管理水平；④督促本系统生产、科研部门做好测绘科技档案资料的形成、积累、整理和归档工作；⑤向上级国家档案主管部门报送测绘科技档案资料的有关统计报表。

省级测绘行政主管部门的职责：①贯彻上级关于科技档案资料工作的方针、政策和法规，负责制定与修改本行政区的测绘科技档案资料管理制度、长远规划；②指导、督促和检查本行政区的测绘科技档案资料工作；③组织交流、推广本行政区的测绘科技档案资料工作经验，组织档案资料管理人员业务培训，提高他们的业务知识和管理水平；④督促并协助本部门生产、科研人员做好测绘科技档案资料的形成、积累、整理和归档工作；⑤向上级测绘行政主管部门和本地区档案主管部门报送测绘科技档案资料的有关统计报表。

市、县级测绘行政主管部门的职责：①贯彻上级关于测绘科技档案资料工作的方针、政策和法规，负责制定本行政区的测绘科技档案资料管理制度；②指导、督促和检查本行政区域的测绘科技档案资料工作。

2. 测绘科技资料的形成、积累和归档

测绘科技资料的形成、积累、整理和归档工作应当纳入单位生产、技术、科研等计划中，列入有关部门和人员的职责范围。

测绘单位在对生产任务、科研成果、基建工程或其他项目进行鉴定、验收时，应当对归档的科技资料加以检验，没有完整、准确、系统的科技资料，不能通过鉴定验收。

一项生产任务、科研课题、试制产品、基建工程等项目完成或告一段落时，应当将所形成的科技资料（含文件材料）进行整理，组成保管单位，严格按照规定的归档范围、份数、保管期限、保存地点等及时进行归档工作。

需要归档的科技档案资料，应当做到书写材料优良、字迹清楚、数据准确、图像清晰、信息载体能够长期保存。

几个单位分工协作完成的测绘科技项目或工程，由主办单位保存一套完整档案。协作单位可以保存与自己承担任务有关的档案正本，但应将副本或复制本送交主办单位保存。

3. 测绘科技档案的保管、利用和销毁

测绘科技档案的保管。测绘科技档案的保管期限分为永久、长期和短期 3 种：具有重要凭证作用和长久需要查考、利用的测绘科技档案应列为永久保存；在相当长的时期内（15 年至 20 年）具有查考、利用、凭证作用的测绘科技档案应列为长期保存；在短期内（15 年以内）具有查考、利用、凭证作用的测绘科技档案应列为短期保存。

各级测绘科技档案保管部门应按照完整、准确、系统、安全的要求，定期检查档案的保管状况，了解测绘科技档案的利用情况，防止档案材料的破损、变质，对已破损或变质的档案要按有关规定及时修复、复制或销毁，并报上级主管部门备案。为确保测绘科技档案的安全和有效利用，测绘科技档案保管部门应设置符合档案库房建筑规范要求的专用库房。

测绘科技档案的利用：①测绘科技档案保管部门应当主动开展科技档案的提供利用工作，采取多种途径和方法扩大服务领域，使其更好地为经济建设、国防建设、科学研究、教育、外事活动等服务；②提供属机密（含机密）以下的测绘科技档案，应由测绘科技档案保管部门的领导批准，属绝密级的由上级主管领导批准，涉及国际交往需要提供测绘科技档案时，按有关规定执行；③提供测绘生产档案时，要执行分级管理，归口负责制度。复制或借用时需经领用测绘成果主管单位审查并开具正式公函，方可办理领（借）手续；④测绘科技档案只提供复制品，不提供原件，必须使用原件时，经领导批准，只能借用，对借用的测绘科技档案要保持清洁、完整无损并及时归还。

测绘科技档案的销毁。销毁已满保存期限的测绘科技档案，需经单位领导批准并造具清册，注明档案名称、编号、数量、来源、编制或出版单位、时间、销毁原因等。清册封面应有鉴定人、监销人、批准人、经办人、销毁日期，还应报上级主管部门备案。

（三）测绘成果保管的措施

测绘成果保管涉及测绘成果及测绘科技档案保管部门、测绘成果所有权人、测绘单位以及测绘成果使用单位等多个主体。不管属于什么类型的测绘成果保管主体，都必须按照测绘法等有关法律法规的规定，建立健全测绘成果保管制度，采取措施保障测绘成果的完整和安全，并按照国家有关规定向社会公开和提供利用。

1. 建立测绘成果保管制度和配备必要的设施

测绘成果是广大测绘工作者风餐露宿，付出艰辛劳动获取的成果，是政府管理、国土规划、文化教育、科学研究、外交和国防建设不可缺少的地理信息战略资源和国家的宝贵财富，大部分测绘成果都涉及国家秘密，事关国家安全和利益。因此，测绘成果保管单位应当本着对国家和人民利益高度负责的精神，建立有效的管理制度，配备必要的安全防护设施，防止测绘成果的损坏、丢失、灭失和失（泄）密。

需要建立的测绘成果保管制度，主要是指按照《中华人民共和国测绘法》《中华人民共和国档案法》《保密法》《中华人民共和国测绘成果管理条例》的有关规定，制定和完善测绘成果存放、保管、提供、销毁、复制、保密等方面的制度，并要成立相应的测绘成果保管工作机构，明确相应的测绘成果保管人员和职责，确保各项测绘成果保管制度落实到位。

测绘成果保管单位配备的测绘成果保管和安全防护设施，主要包括以下几个方面。

存放载体介质的库房设施。如纸质介质档案资料库房、胶片介质档案资料库房、磁介质档案资料库房等其他特殊要求的档案资料库房。

存放载体介质的柜架设施。如档案资料密集柜、磁介质档案资料专用柜等其他特殊要求的档案资料柜架。

专业技术设备。如档案资料修复与保护设备、磁介质读取备份与维护设备、档案资料杀虫除菌设备、温湿度检测控制设备等。

安全防护设施。如监视设施、报警设施、防盗设施、防火设施、防磁设施、换风设施等。

管理与服务设备。如日常管理与服务用计算机、档案资料管理与服务专业软件、网络设备、目录数据采集设备、档案资料扫描数字化设备、数据存储设备等。

2. 基础测绘成果资料实行异地备份存放制度

基础测绘成果是测绘成果中的核心成果，是国家直接投资完成的重要资源，属于公共财政支持的范畴，大多属于国家秘密，直接关系国家安全。基础测绘成果异地备份存放是指将基础测绘成果进行备份，并存放于不同地点，以保证基础测绘成果意外损毁后，可以迅速恢复基础测绘成果服务。异地存放的基础测绘成果资料，应与本地存放的测绘成果资料所采取的安全措施统一规格，要符合国家保密、消防及档案管理部门的有关规定和要求。

第四节　其他测绘管理

一、界线测绘管理

（一）界线测绘的概念和特点

界线测绘是整个测绘事业的重要组成部分，包括国界线测绘，行政区域界线测绘，土地、建筑物以及地面上其他附着物的权属界址线测绘等3个方面。界线测绘与其他测绘项目相比有3个特点：界线测绘主要是为各种不同的区域的划分提供依据和服务；界线测绘既要根据测绘技术标准进行测绘，又要根据人民政府的有关决定来进行测绘；界线测绘其成果经有关人民政府确认后，就成为划分不同区域的依据和标准，具有法律效力。因此，界线测绘是测绘工作中行政性比较强的一项测绘工作。

（二）国界线测绘管理

1. 国界线测绘的概念和特征

国界线是指相邻国家领土的分界线，是划分国家领土范围的界线，也是国家行使领土主权的界线。国界分为陆地国界、水域国界和空中国界。国界线的形成主要有两种基本情况：一种是在长期历史过程中逐渐形成的，称为传统国界线或者历史国界线；另一种是有关国家通过双边条约或者多边条约来划定的，称为条约边界线。世界上大部分国家的国界线是条约国界线。①

我国的国界线主要两类：一类是陆地国界线，另一类是大陆海岸线。国界线测绘是指为划定国家间的共同边界线而进行的测绘活动，是与邻国明确划定边界线、签订边界条约和议定书以及日后定期进行联合检查的基础工作。国界线测绘的主要成果是边界线位置和走向的文字说明、界桩点坐标及边界线地形图。国界线测绘的特征主要有以下3点。

第一，法定性。国界线测绘涉及国家主权和领土完整，如果在国界线测绘中出现错误，使中华人民共和国领土成为其他国家的领土，将直接影响我国的主权

① 廖世芳，李光，陈俊任．测绘工程与遥感技术[M]．长春：吉林科学技术出版社，2023.

和领土完整。

第二，政治性。国界线测绘涉及我国的外交关系和政治主张，国界线测绘成果出现质量问题或者错误，将会引起国际边界争议和争端，必然会对我国的外交关系产生不利影响，很自然地会引起相邻国家的不同见解和主张，容易造成国际政治影响。

第三，严肃性。国界线测绘涉及国家安全和利益，属于国家秘密范围，国界线测绘成果包括边界地图、未定国界的勘测资料等属于国家绝密级资料，直接涉及国家安全和利益。因此，国界线测绘有不同于其他测绘活动的特殊性。

2. 国界线测绘管理

国界线测绘具有严格的法定性、政治性和严肃性。因此，国家对国界线测绘活动的管理历来都十分严格。

（1）国界线测绘的基本原则

国界线测绘不仅涉及我国的主权问题，而且涉及我国与邻国之间的外交关系。在国界线测绘中，《中华人民共和国测绘法》明确规定必须按照我国与相邻国家缔结的边界条约或者协定执行，由外交部组织实施。国界线测绘必须按照边界条约和协定中所商定的两国国界线的主要位置及基本走向，认真进行国界线实地勘测，并准确绘制国界线地图，这是国界线测绘的基本原则。

（2）拟定和公布国界线标准样图

国界线标准样图又称国界线画法的标准样图，是指按照一定原则制作的有关中国国界线画法的统一的、标准的地图。拟定和公布国界线标准样图的目的是维护我国的领土和主权，提高地图上绘制国界线的准确性，避免出现国界线绘制方面的错误。国界线标准样图涉及我国与邻国之间的领土划分，因此，《中华人民共和国测绘法》明确规定拟定国界线标准样图的工作由外交部和国务院测绘地理信息主管部门共同负责，其他任何部门无权制定。根据《地图管理条例》的规定，外交部和国家测绘局拟定国界线标准样图的原则有：①我国与邻国之间已经订立边界条约、边界协定或者边界议定书的，在拟定国界线标准样图时，要严格按照有关的边界条约、边界协定或者边界议定书及其附图进行；②我国与有关相邻国家之间没有订立边界条约、边界协定或者边界议定书的，按照中华人民共和国地图的习惯画法拟定。所谓中华人民共和国地图的习惯画法，是指在我国与相邻国家之间还没有通过订立边界条约、边界协定或者边界议定书而正式划定边界线的情况下，根据在长期的历史过程中形成的双方行政管辖所及的范围以及中华人民共和国政府对边界线的主张，在地图上表示国界线。中华人民共和国国界线标准样图，可以根据需要制定一种或多种比例尺的系列地图。

（3）国界线标准样图由外交部和国家测绘局拟定后报国务院批准

国务院作为中华人民共和国的最高国家行政机关，由其批准的国界线标准样图，代表中华人民共和国政府的立场和主张，在所有涉及国界线的地图中具有最高的权威性，是各种公开出版、发行、登载、展示的地图上中国国界线画法的标准依据。国务院批准国界线标准样图后予以公布，使社会公众都能知晓和遵守，一切涉及国界线画法的地图，都要按照国界线标准样图进行绘制。

（三）行政区域界线测绘管理

1. 行政区域界线的概念

行政区域又称行政区划，是指国家为了方便行政管理而依据政治、经济、文化及民族状况，并综合考虑历史传统、人口分布、地理环境和国防需要等条件，通过一定的法律程序对地方政权所辖行政区域进行划分并建立相应的政权机关进行管理的区域。根据《中华人民共和国宪法》第三十条的规定，中华人民共和国的行政区域划分如下：①全国分为省、自治区、直辖市；②省、自治区分为自治州、县、自治县、市；③县、自治县分为乡、民族乡、镇。直辖市和较大的市分为区、县。自治州分为县、自治县、市。省级行政区域之间、县级行政区域之间的具体划分，是用行政区域界线来表示的，因此行政区域界线就是指行政区域之间的分界线。

行政区域界线是指国务院或者省、自治区、直辖市人民政府批准的行政区域毗邻的各有关人民政府行使行政区域管辖权的分界线。行政区域界线涉及行政区域界线周边地区的稳定与发展和行政争议。因此，加强行政区域界线的管理具有十分重要的意义。

2. 行政区域界线测绘的概念与内容

行政区域界线测绘是指利用测绘技术手段和原理，为划定行政区域界线的走向、分布以及周边地理要素而进行的测绘工作。行政区域界线测绘是测绘行政主管部门为勘定行政区域界线而实施的一种行政行为，行政区域界线测绘的成果具有法律效力。因此，行政区域界线测绘被认定是一种法定测绘。

明确制定行政区域界线离不开行政区域界线测绘。行政区域界线测绘的主要内容包括界桩的埋设与测定、边界线的标绘、边界协议书附图的绘制、边界走向和界桩位置说明的编写、中华人民共和国省级行政区域界线详图集的编纂和制印。行政区域界线测绘采用全国统一的大地坐标系统、平面坐标系统和高程系统，执行国家现行的有关测绘技术规范和标准。

3. 行政区域界线测绘管理

（1）行政区域界线测绘的基本原则

行政区域界线测绘的基本原则是：各省、自治区、直辖市（含各市县）之间签署的协议书，并且已经批准的行政区域界线，按照批准的行政区域界线进行；没有经过批准的行政区域界线，按照有关规定进行，即尚未正式划定过边界线，但已形成传统习惯边界线的，按照传统习惯边界线进行，双方有争议的，待争议解决后进行。随着勘界工作的全面完成，按照传统习惯边界线进行的行政区域界线测绘将被已经批准的行政区域界线测绘所取代，行政区域界线测绘进入了法治化、规范化的轨道。

行政区域界线测绘通过测绘部门实地勘测，为划分行政区域界线提供准确的测绘数据和图件。明确划定行政区域界线对于保证经济建设的顺利进行、消除行政管理盲区、防止行政区域争议、维护社会安定具有十分重要的意义。因此，行政区域界线测绘对行政区域界线划分起了三个方面的作用：①提供的勘测资料作为划分行政区域的一个依据；②为实现行政区域划分提供技术手段，将人民政府确定的行政区域界线具体化，把各种测量数据标绘到有关的图件上；③行政区域界线测绘成果，经有关人民政府确认后，就具有法律效力，是处理行政区域争议的一个依据。

（2）拟定和公布行政区域界线的标准画法图

行政区域界线的标准画法图是指根据国务院及各省、自治区、直辖市人民政府批准的行政区域界线协议书、附图及勘界有关成果，按照一定的编绘方式编制的反映各级行政区域界线画法的地图。勘定行政区域界线体现了我国的国家意志，民政部是国务院管理行政区域界线的部门，国家测绘局是行政区域界线测绘的主管部门。因此，行政区域界线标准画法图的拟定工作由民政部和国家测绘局共同负责。民政部和国家测绘局在拟定行政区域界线标准画法图时，要按照经国务院批准的各省、自治区、直辖市（含各市县）之间签署的边界协议书进行。

行政区域界线的标准画法图由民政部和国家测绘局拟定后，还要报国务院批准后才能公布。批准县级以上行政区域划分，是宪法赋予国务院的职责，由国务院批准的行政区域界线的标准画法图，具有最高的权威性和法定效力。国务院批准行政区域界线的标准画法图后将其予以公布，使公众都能知晓和遵守。各种公开出版、发行、登载、展示的地图绘制我国行政区域界线都要依据行政区域界线标准画法图进行。

做好行政区域界线的测绘工作，对于加强国家行政管理和国家长治久安具有十分重要的意义。《中华人民共和国测绘法》关于行政区域界线测绘的规定对加强行政区域界线的测绘工作和完善相应的法规和制度提供了重要的依据。

（3）行政区域界线测绘管理

行政区域界线测绘管理工作主要包括：①资质管理。从事行政区域界线测绘活动，必须依法取得由国务院测绘行政主管部门或者省、自治区、直辖市人民政府测绘行政主管部门颁发的测绘资质证书，并在资质等级许可的范围内从事测绘活动。各级测绘行政主管部门要加强对界桩埋设、边界点测定、边界线及相关地形要素调绘、边界协议书附图标绘、边界点位置和边界线走向说明的编写、行政区域界线详图集的编纂等行政区域界线测绘的资质管理，依法查处各类测绘资质违法案件。②成果管理。从事行政区域界线测绘活动，必须保证测绘成果的质量，并依法汇交测绘成果。测绘行政主管部门要加强对行政区域界线测绘成果的监督管理，保证行政区域界线测绘成果质量。③标准管理。从事行政区域界线测绘活动，必须采用国家规定的测绘技术标准和规范，满足勘界测绘技术规程和规定的精度要求。

（四）权属界线测绘管理

1. 权属界线测绘的概念

（1）权属

权属是指所有权和使用权，这里是指土地、建筑物、构筑物以及地面上其他附着物的所有权和使用权。所有权是指所有者对其所有物依法享有的占有、使用、收益和处分的权利。使用权是指使用者对其使用的土地、建筑物、构筑物，以及地面上其他附着物依法享有的占有、使用和收益的权利。

（2）权属界线

权属界线是指土地、建筑物、构筑物及地面上其他附着物的权属分界线，也称为权属界址线。界址线的转折点称为界址点，将所有界址点连接起来，就形成了一块土地、建筑物、构筑物及地面上其他附着物的权属界址线。

（3）权属界线测绘

权属界线测绘是指测定权属界线的走向和界址点的坐标及绘制权属界线图的活动。权属界线测绘是确定权属的重要手段，只有通过权属界线测绘才能准确地将权属界线用数据和图形的形式表示出来。权属界线测绘的成果主要包括权属调查表、权属界址点坐标、权属面积统计表、权属界线图等。

（4）权属界址线测绘

明确土地、建筑物、构筑物及地面上其他附着物的权属，即明确土地、建筑物、构筑物及地面上其他附着物的所有权和使用权，对于维护社会的正常经济秩序、保护当事人的合法权益，具有十分重要的意义和作用。而明确土地、建筑物、构筑物及地面上其他附着物的权属，首先要对权属界址线进行测绘，这是确权的基础。我国《中华人民共和国森林法》《中华人民共和国草原法》《中华人民共和国渔业法》《中华人民共和国土地管理法》《中华人民共和国城市房地产管理法》《海域使用管理法》等法律规定，土地、房屋等确权工作由县级以上地方人民政府负责，即由县级以上地方人民政府“登记造册、核发证书，确认所有权或者使用权”，因此，权属界址线的测绘也必须以县级以上地方人民政府的确权为依据进行。只有对权属界址线进行认真测量，并达到“权属合法”“界址清楚”“面积准确”的土地、建筑物、构筑物及地面上其他附着物，有关部门才能依法予以确权，发放相关证书。

（5）权属界址点

界址点是权属界址线走向的转折点，两个相邻转折点之间的连线是界址线。将各转折点都连接起来，就形成了一块土地的权属界址线。在确认权属时，一般是先确认界址点，后确认界址线大体的走向，并对每一块土地的权属界址线都进行测量，所以，测量土地等权属界址线应当按照县级以上人民政府确定的权属界线的界址点、界址线进行。土地、建筑物、构筑物和地面其他附着物因分割、合并或受自然因素影响等原因，其权属界址线、界址点发生变化时，相关当事人应当委托具有相应测绘资质的单位进行测绘。不动产管理要求权属界址点、界址线等相关的资料必须及时更新，保持现势性，才能保证土地、建筑物、构筑物和地面其他附着物等不动产流转的安全、方便。

2. 权属界线测绘管理

（1）权属界线测绘基本原则

《中华人民共和国测绘法》对权属界线测绘进行了规定，明确测量土地、建筑物、构筑物和地面其他附着物的权属界址线，应当按照县级以上人民政府确定的权属界线的界址点、界址线或者提供的有关登记资料和附图进行。权属界址线发生变化时，有关当事人应当及时进行变更测绘。

权属界线测绘的主要内容是测定权属界址点及其地面上相关的建筑物、附着物等，权属界址点确定的依据是有关的权属调查资料、权属登记资料和相应的附图。权属登记资料主要是指土地、建筑物等有关权属归属的文件、档案等。为了确保权属界线测绘的准确性，维护权利人的合法权益，权属界线测绘必须以县级以上人民政府的确权为依据进行。

（2）权属界址线变更测绘

从事权属界线测绘，必须依法取得相应等级和业务范围的测绘资质证书，其业务范围一般为地籍测绘、房产测绘等。同时，权属界线测绘还应当严格按照测绘法的规定，执行国家规定的测绘技术规范和标准，以保证权属界线测绘的成果质量。

《中华人民共和国测绘法》对权属界址线测绘的规定具有非常重要的意义和作用：①有利于保护土地、房屋等不动产所有者或使用者的合法权益，有了明确的界址线、界址点，所有者或使用者可以依法行使自己的权利，对于侵犯其合法权益的行为，可以依法请求有关方面追究其责任；②有利于进一步健全我国的不动产权属管理制度，有利于国家征收土地税、房产税，监督土地的合理利用等工作的开展；③有利于依法解决土地房屋等权属纠纷，有了明确的权属界址线，一旦发生权属纠纷，人民政府或者人民法院在处理时就有可能更加及时、准确。

二、地籍测绘管理

（一）地籍测绘的概念和特征

1. 地籍测绘的概念

地籍测绘是指对地块权属界线的界址点坐标进行精确测定，并把地块及其附着物的位置、面积、权属关系和利用状况等要素准确地绘制在图纸上和记录在专门的表册中的测绘工作。地籍测绘是地籍管理的重要内容，是国家测绘工作的重要组成部分。地籍测绘成果包括控制点和界址点坐标、地籍图和地籍表册等。

2. 地籍测绘的特征

地籍测绘是政府行使土地行政管理职能的具有法律意义的行政性技术行为，为土地管理提供了准确、可靠的地理参考系统。

地籍测绘是在地籍调查的基础上进行的，具有勘验取证的法律特征。

地籍测绘的技术标准必须符合土地法律法规的要求，从事地籍测绘的人员应当具有丰富的土地管理知识。

地籍测绘工作有非常显著的现势性。

地籍测绘的技术和方法是现代测绘高新技术的应用集成。

（二）地籍测绘的法律规定

《中华人民共和国测绘法》总则规定，国务院测绘行政主管部门会同国务院土地行政主管部门编制全国地籍测绘规划。县级以上地方人民政府测绘行政主管部门会同同级土地行政主管部门编制本行政区域的地籍测绘规划。县级以上地方人民政府测绘行政主管部门按照地籍测绘规划，组织管理地籍测绘。

测绘行政主管部门的地籍管理职责主要包括以下内容。

会同土地行政主管部门制订地籍测绘规划。随着我国社会主义市场经济体制的确立，土地作为一种不可再生不动产资源越来越受到重视。地籍管理是土地管理的基础，而地籍测绘是地籍管理的基础性工作，也是国家测绘工作的重要组成部分。地籍测绘规划要在认真分析地籍管理工作对地籍测绘的需求、地籍测绘的现状、地籍测绘技术发展趋势、紧密配合土地管理工作的需要的基础上，由测绘行政主管部门会同土地行政主管部门编制，同时应当注意与同级基础测绘规划以及其他有关规划进行衔接，避免重复测绘。

按照地籍测绘规划，组织管理地籍测绘工作。组织管理地籍测绘工作是《中华人民共和国测绘法》确定的各级测绘行政主管部门的一项法定职责，也是测绘行政主管部门履行统一监督管理职责的具体体现。测绘行政主管部门在组织管理地籍测绘时，要充分考虑地籍测绘的特殊性，与土地行政主管部门密切配合，相互协作，加强沟通，以保证地籍测绘工作的顺利进行。组织管理地籍测绘工作，是确保地籍测绘规划落实的重要保障。

（三）地籍测绘管理

测绘行政主管部门依法组织管理地籍测绘，管理内容主要包括以下 4 个方面。

1. 组织编制地籍测绘规划

组织编制地籍测绘规划是测绘行政主管部门的一项重要职责。全国地籍测绘规划由国务院测绘行政主管部门会同国务院土地行政主管部门编制，地方地籍测绘规划由县级以上地方人民政府测绘行政主管部门会同同级土地行政主管部门编制。

2. 监督管理地籍测绘资质

地籍测绘工作是国家测绘工作的重要组成部分，从事地籍测绘工作必须依法取得省级以上测绘行政主管部门颁发的载有地籍测绘业务的测绘资质证书；建立地籍数据库以及地籍管理信息系统，必须取得载有地理信息系统工程业务的测绘资质证书，并使用符合国家标准的基础地理信息数据。对未取得地籍测绘资质的单位以及使用不符合国家标准的基础地理信息数据建立地籍管理信息系统的，各级测绘行政主管部门要依法严肃查处。

3. 监督管理地籍测绘成果质量

地籍测绘成果是测绘成果的重要组成部分，监督管理地籍测绘成果质量、确认地籍测绘成果是各级测绘行政主管部门的重要职责。各级测绘行政主管部门应当加强地籍测绘成果监督检查，确保地籍测绘成果质量。

4. 地籍测绘标准化管理

根据国家测绘局以及省、自治区、直辖市测绘行政主管部门“三定”的规定，测绘行政主管部门的一项重要职责是研究制定地籍测绘技术标准和规范，对地籍测绘过程中是否执行国家技术规范和标准情况进行监督管理。因此，各级测绘行政主管部门要加强对地籍测绘标准化的管理，确保国家地籍测绘的各项标准、规范得到全面正确的实施。

我国土地使用权出让、转让、出租、抵押等交易活动日益活跃，土地市场已经形成，地籍测绘市场也随之形成。目前在地籍测绘市场形成和发展过程中也存在一些不可忽视的问题：有的单位不具备地籍测绘资质擅自承揽地籍测绘项目；有的单位测制的地籍测绘成果达不到技术标准；有的单位不执行国家统一的地籍测绘技术规范，擅自降低精度、等级要求；有的测绘单位采取不正当手段承揽地籍测绘项目等。所有这些不但影响了土地管理工作顺利开展，而且损害了土地权利人的合法利益，同时还增加了土地交易风险和交易成本。为了解决地籍测绘管理中存在的上述问题，保证地籍测绘工作顺利开展，提高地籍测绘质量，保证土地交易安全，避免土地界限纠纷，必须依法加强地籍测绘管理。

第四章　测绘工程质量控制

第一节　质量术语

质量是一个企业的生命，是一个地区、一个行业经济振兴和发展的基石，是一个国家科技水平和管理水平的综合表征，是一个民族、一个国家素质的反映。同时，质量也是质量管理基本概念中一个最基本、最重要的概念。为此，我们首先应该弄清质量及其有关的一些术语。

一、质量

质量是一组固有特性满足明示的、通常隐含的或必须履行的需求或期望的程度。

二、质量管理体系

质量管理体系是指在质量方面指挥和控制组织的管理体系。

三、质量策划

质量策划是质量管理的一部分，致力于制定质量目标并规定必要的运行过程和相关资源以实现质量目标。编制质量计划可以是质量策划的一部分。

理解要点：①质量活动是从质量策划开始的，质量策划包括规定质量目标，为实现质量目标而规定所需的过程和资源；②质量策划是组织的持续性活动，要求组织进行质量策划并确保质量策划在受控状态下进行；③质量策划是一系列活动（或过程），质量计划是质量策划的结果之一。质量策划、质量控制、质量改进是质量管理大师朱兰提出的质量管理的三个阶段。

四、质量控制

质量控制是质量管理的一部分，致力于满足质量要求。理解要点：①质量控制的目标是确保产品、过程或体系的固有特性达到规定的要求；②质量控制的范围应涉及与产品质量有关的全部过程，以及影响过程质量的人、机、料、法、环、测等因素。[①]

五、质量保证

质量保证是质量管理的一部分，致力于提供质量要求得到满足的信任。

理解要点：①质量保证的核心在于提供足够的信任使相关方（包括顾客、管理者或最终消费者等）确信组织的产品能满足规定的质量要求；②组织应建立、实施、保持和改进其质量管理体系，以确保产品符合质量要求；③提供必要的证据，证实建立的质量管理体系满足规定的要求，使顾客或其他相关方相信，组织有能力提供满足规定要求的产品，或已提供了符合规定要求的产品。[②]

六、质量改进

质量改进是质量管理的一部分，致力于增强满足质量要求的能力。要求可以是有关任何方面的，如有效性、效率或可追溯性。

理解要点：①影响质量要求的因素会涉及组织的各个方面，在各个阶段、环节、职能、层次均有改进机会，因此组织的管理者应发动全体成员并鼓励他们参与改进活动；②改进的重点是提高满足质量要求的能力。

七、质量保证

质量保证指为使人们确信某一产品、过程或服务的质量所必需的全部有计划、有组织的活动。也可以说是为了提供信任，表明实体能够满足质量要求，而在质量体系中实施并根据需要进行证实的全部有计划和有系统的活动。

质量保证就是按照一定的标准生产产品的承诺、规范、标准。由国家质量技术监督局提供产品质量技术标准，即生产配方、成分组成，包装及包装容量多少，运输及贮存中注意的问题，产品要注明生产日期、厂家名称、地址等，经国家质量技术监督局批准这个标准后，公司才能生产产品。国家质量技术监督局就会按这个标准检测生产出来的产品是否符合标准要求，以保证产品的质量符合社会大众的要求。

---

① 张军．测绘工程的质量管理与系统控制 [D]. 长沙：中南大学，2008.

② 王立，黄明，陆力．工程测绘技术与管理研究 [M]. 长春：吉林科学技术出版社，2023.

为使人们确信某实体能满足质量要求，而在质量体系中实施并根据需要进行证实的全部有计划、有系统的活动，称为质量保证。显然，质量保证一般适用于有合同的场合，其主要目的是使用户确信产品或服务能满足规定的质量要求。如果给定的质量要求不能完全反映用户的需要，则质量保证也不可能完善。质量控制和质量保证是采取措施，以确保产品或服务的生产和设计符合性能要求，其中质量控制包括原材料、部件、产品和组件的质量监管，与生产相关的服务和管理，以及生产和检验流程。

第二节　质量体系的建立、实施与认证

质量管理体系是企业内部建立的、为保证产品质量或质量目标所必需的、系统的质量活动。它根据企业特点选用若干体系要素加以组合，加强从设计研制、生产、检验、销售、使用全过程的质量管理活动，并予以制度化、标准化，成为企业内部质量工作的要求和活动程序。客观地说，任何一个企业都有其自身的质量管理体系，或者说都存在质量管理体系，然而企业传统的质量管理体系能否适应市场及全球化的要求，并得到认可却是一个未知数。因此，企业建立一个国际通行的质量管理体系并通过认证是提升企业质量管理水平、增强自身竞争力的第一步。

一、质量管理体系的建立与实施

质量管理体系的建立与实施主要包括以下几个方面。

（一）质量方针和质量目标的确定

根据企业的发展方向组织的宗旨，确定与之相适应的质量方针，并做出质量承诺。在质量方针提供的质量目标框架内明确规定组织以及相关职能等各层次上的质量目标，同时要求质量目标应当是可测量的。

（二）质量管理体系的策划

组织依据质量方针和质量目标，应用过程方法对组织应建立的质量管理体系进行策划。在质量管理体系策划的基础上，还应进一步对产品实现过程和相关过程进行策划。策划的结果应符合企业的质量目标及相应的要求。

（三）企业人员职责与权限的确定

组织依据质量管理体系以及产品实现过程等策划的结果，确定各部门、各过程及其他与质量有关的人员所应承担的相应职责，并赋予其相应的权限，确保其职责和权限得以沟通。

（四）质量管理体系文件的编制

组织应依据质量管理体系策划以及其他策划的结果确定管理体系文件的框架和内容，在质量管理体系文件的框架内，明确文件的层次、结构、类型、数量、详略程度，并规定统一的文件格式。

（五）质量管理体系文件的学习

在质量管理体系文件正式发布前，认真学习质量管理体系文件对质量管理体系的真正建立和有效实施起着至关重要的作用。只有企业各部门、各级人员清楚地了解到质量管理体系文件对本部门、本岗位的要求，以及与其他部门、岗位之间的相互关系的要求，才能确保质量管理体系在整个组织内得以有效实施。

（六）质量管理体系的运行

质量管理体系文件的签署意味着企业所规定的质量管理体系正式开始实施运行。质量管理体系运行主要体现在两个方面：一方面是组织所有质量活动都依据质量管理体系文件的要求实施运行；另一方面是组织所有质量活动都在提供证据，以证实质量管理体系的运行符合要求并得到有效实施和保持。

（七）质量管理体系的内部审核

质量管理体系的内部审核是组织自我评价、自我完善的一种重要手段。企业通常在质量管理体系运行一段时间后，组织内审人员对质量管理体系进行内部审核，以确保质量管理体系的适用性和有效性。

（八）质量管理体系的评审

在内部审核的基础上，组织的最高管理者应就质量方针、质量目标，对质量管理体系进行系统的评审，一般也称为管理评审。其目的在于确保质量管理体系持续的适宜性、充分性、有效性。通过内部审核和管理评审，在确认质量管理体系运行符合要求并且有效的基础上，组织可向质量管理体系认证机构提出认证申请。

二、质量管理体系认证的实施程序

（一）提出申请

申请单位向认证机构提出书面申请。

经审查符合规定的申请要求，则决定接受申请，由认证机构向申请单位发出"接受申请通知书"，并通知申请方下一步与认证有关的工作安排，预交认证费用。若经审查不符合规定的要求，认证机构将及时与申请单位联系，要求申请单位进行必要的补充或修改，符合规定后再发出"接受申请通知书"。

（二）认证机构进行审核

认证机构对申请单位的质量管理体系审核是质量管理体系认证的关键环节，其基本工作程序是：①文件审核；②现场审核；③提出审核报告。

（三）获准认证后的监督管理

认证机构对获准认证（有效期为 3 年）的供方质量管理体系实施监督管理。这些管理工作包括供方通报、监督检查、认证注销、认证暂停、认证撤销、认证有效期的延长等。

三、质量管理体系的认证

质量管理体系认证是指依据质量管理体系标准，经认证机构评审，并通过质量管理体系注册或颁发证书来证明某企业或组织的质量管理体系符合相应的质量管理体系标准的活动。

质量管理体系认证由认证机构依据公开发布的质量管理体系标准和补充文件，遵照相应认证制度的要求，对申请方的质量管理体系进行评价，合格的由认证机构颁发质量管理体系认证证书，并实施监督管理。

质量管理体系的认证遵循如下原则。

坚持自愿申请的原则：除强制性的认证及特殊领域的质量体系认证外，质量管理体系认证坚持自愿申请的原则，但企业在认证机构颁发认证证书和标志后应接受其严格的监督管理。

坚持促进质量管理体系有效运行的原则：认证的最终目的是提高企业产品质

量和市场竞争力，质量管理体系的有效运行是促进企业不断完善质量管理体系的根本保障。

积极采用国际标准，消除贸易技术壁垒的原则：贸易技术壁垒是指各国、地区制定或实施了不恰当的技术法规、标准、合格评定程序等，给国际贸易造成的障碍。只有消除不必要的技术壁垒，才能达到质量认证的另一目的，即促进市场公平、公开和公正的质量竞争。

坚持透明的原则：质量管理体系认证由具有法人地位的第三方认证机构承担，并接受相应的监督管理，依靠其公正、科学和有效的认证服务取得权威和信誉，认证规则、程序、内容和方法均公开、透明，避免认证机构之间的不正当竞争。[①]

第三节　影响测绘工程质量因素的控制

影响工程质量的因素主要有人、机、料、法、环等。在测绘工程质量管理中，影响质量的因素主要有人、仪器和环境三个方面。因此，事先对这三方面的因素予以严格控制，是保证测绘工程项目质量的关键。

一、人的控制

人是指直接参与测绘工程实施的决策者、组织者、指挥者和操作者。人作为控制的对象，是避免产生失误，作为控制的动力，是充分调动人的积极性、发挥人的因素第一的主导作用。

为了避免人的失误，调动人的主观能动性，增强人的责任感和质量观，达到以工作质量保工序质量、促工程质量的目的，除了加强政治思想教育、劳动纪律教育、职业道德教育、专业技术知识培训，健全岗位责任制，改善劳动条件，公平合理的激励外，还需根据测绘工程项目的特点，从确保质量出发，本着适才适用、扬长避短的原则来控制人的使用。[②]

在测绘工程质量控制中，应从以下几个方面来考虑人对质量的影响：①领导者的素质；②人的理论、技术水平；③人的心理行为；④人的错误行为；⑤人的

① 蔺茂金，朱秀杰，张旭东．测绘工程管理实践研究 [M]. 延吉：延边大学出版社，2017.

② 孔令惠．测绘工程管理 [M]. 郑州：黄河水利出版社，2019.

违纪违章。

二、仪器设备的控制

仪器设备的选择，应本着因工程制宜的原则，综合考虑技术先进性、经济合理性、生产适用性、性能可靠性、操作便捷性等。

测绘工程必须采用一定的仪器或工具，而每一种仪器都具有一定的精密度，这使观测结果受到相应的影响。此外，仪器本身也有一定的误差，必然会给测绘工程的观测结果带来误差。

三、环境因素的控制

环境因素对测绘工程质量的影响，具有复杂多变的特点，如气象条件就变化万千，温度、湿度、大气折光、大风、暴雨、酷暑、严寒都对观测成果质量产生影响。因此，观测值也就不可避免地存在误差。

在测绘工程的整个过程中，不论观测条件如何，观测结果都存在误差。但粗差在测量结果中是不允许存在的，它会严重影响观测成果的质量，因此要求测量人员要具有高度的责任心和良好的工作作风，严格执行国家规范，坚持边工作边检查的原则，避免粗差的发生。为了杜绝粗差，除认真仔细地进行作业外，还要采取必要的检查措施，如对未知量进行多余观测，以便用一定的几何条件检验或用统计方法进行检验。

第四节　测绘工程实施过程中的质量控制

测绘工程生产质量是测绘工程质量体系的重要组成部分，是实现测绘产品功能和使用价值的关键阶段，生产阶段质量的好坏决定着测绘产品的优劣。测绘工程生产过程就是其质量形成的过程，严格控制生产过程各个阶段的质量，是保证其质量的重要环节。

一、测绘工程质量的特点及控制方针

（一）测绘工程质量特点

测绘工程产品质量与工业产品质量的形成有显著的不同，测绘工程工艺流动，类型复杂，质量要求不同，操作方法不一。特别是露天生产，受天气等自然条件制约因素影响大，生产具有周期性。所有这些特点，导致了测绘工程质量控制难度较大。具体表现在：①制约测绘工程质量的因素多，涉及面广。测绘工程项目具有周期性，人为和自然的很多因素都会影响到成果质量。②生产质量的离散度和波动性大，测绘工程质量变异性强。测绘项目涉及面广，参与人员素质参差不齐，且一般具有不可重复性，使得测绘工程个体质量稍不注意即有可能出现质量问题，特别是关键位置的测绘质量将直接影响到整体工程质量。③质量隐蔽性强。测绘工程大部分只能在工程完工后才能发现质量问题，因此，在测绘生产过程中必须加强现场管理，以避免出现测绘质量问题。

相关单位对测绘工程质量应加倍重视、一丝不苟，严加控制，将质量控制贯穿于测绘生产的全过程，对测绘工程量大、涉及面广的工程，更应该注意。

（二）测绘工程质量控制的方针

质量控制是为达到质量要求所采取的作业技术和活动。它的目的在于，在质量形成过程中控制各个过程和工序，贯彻“以预防为主”的方针，采取行之有效的技术措施，达到规定要求，提高经济效益。

“质量第一”是我国社会主义现代化建设的重要方针之一，是质量控制的主导思想。测绘工程质量是国家建设各行各业得以实现的基本保证。测绘工程质量控制是确保测绘质量的一种有效方法。

二、测绘工程质量控制的实施

（一）测绘生产质量控制的内容和要求

坚持以预防为主，重点进行事前控制，防患于未然，把质量问题消除在萌芽状态。

既应坚持质量标准，严格检查，又应热情帮助促进。

测绘生产过程质量控制的工作范围、深度、采用何种工作方式，应根据实际需要，结合测绘工程特点、测绘单位的能力和管理水平等因素，事先提出质量检查要求大纲，作为合同条件的组成内容，在测绘合同中明确规定。

在处理质量问题的过程中，应尊重事实，尊重科学，立场公正，谦虚谨慎，以理服人，做好协调工作。[①]

（二）测绘人员的素质控制

人员的素质高低直接影响产品的优劣。质量控制的重要任务之一就是推动测绘生产单位对参加测绘生产的各层次人员特别是专业人员进行培训。测绘生产单位应做到在分配上公正合理，并运用各种激励措施，调动广大人员的积极性，不断提高人员的素质，使质量控制系统有效地运行。在测绘生产人员素质控制方面，应主抓以下三个环节。

人员培训。人员培训的层次有领导者、测量技术人员、队（组）长，操作者的培训。培训重点是关键测量工艺和新技术、新工艺的实施，以及新的测量规范、测量技术操作规程的操作等。

资格评定。应对特殊作业、工序，操作人员进行考核和必要的考试、评审，如对其技能进行评定，颁发相应的资格证书或证明，坚持持证上岗等。

调动积极性。健全岗位责任制，改善劳动条件，建立合理的分配制度，坚持人尽其才、扬长避短的原则，以充分发挥人的积极性。

（三）测绘生产组织设计的质量控制

测绘生产组织设计包括两个层次：一是编制测绘生产组织总设计。就质量控制而言，它是提出项目的质量目标以及质量控制，保证重点工程质量的方法与手段等。二是工程测绘生产组织设计。目前，测绘单位普遍予以编制，是规范测绘生产流程、提升作业效率和质量的重要环节。

（四）测绘仪器的质量控制

测绘仪器的选型要因地制宜、因工程制宜。按照技术先进、经济合理、使用方便、性能可靠、使用安全、操作和维修方便等原则选择相应的仪器设备。对于工程测量，应特别着重对电磁波测距仪、经纬仪、水准仪以及相应配套附件的选型。对于平面定位而言，一般选用性能良好、操作方便的电子全站仪和 GPS 仪器

---

① 张博，杨莹 . 测绘法规与测绘工程管理 [M]. 北京：中国农业大学出版社，2024.

较为合适。对于高程传递，一般选择水准仪或用三角高程方法的电子全站仪。对于保证垂直度，一般选择激光铅直仪、激光扫平仪。对于变形监测，应选择相应的水平位移及沉陷观测遥测系统。任何产品都必须有准产证、性能技术指标以及使用说明书。一般应立足国内，当然也不排除选择国外的合格产品。随着测绘技术的发展，为提高速度和效益，自动化观测系统日益受到重视。

仪器设备的主要技术参数要有保证，因为技术参数是选择机型的重要依据。对于工程测量而言，应首先依据合理限差要求，按照事先设计的施工测量方法和方案，结合场地的具体条件，按精度要求确定相应的技术参数。在综合考虑价格、操作方便的前提下，确定相应的测量设备。如果发现某些测量仪器在施工期间有质量问题，必须按规定进行检验、校正或维修，确保其自始至终的质量等级。

（五）施工测量控制网和施工测量放样的质量控制

施工测量的基本任务是按规定的精度和方法，将建筑物、构造物的平面位置和高程位置放样（或称测设）到实地。因此，施工测量的质量将直接影响工程产品的综合质量和工程进度。此外，为工程建成后的管理、维修与扩建，应进行竣工测量和质量验收。为测定建筑物及其地基在建筑荷载及外力作用下随时间变化的情况，还应进行变形观测。以下主要介绍在施工测量工作中对测量质量的监控内容。

1. 施工测量控制网

为保证施工放样的精度，应在建筑物场地建立施工控制网。施工控制网分为平面控制网和高程控制网。施工控制网的布设应根据设计总平面图和建筑物场地的地形条件确定。对于丘陵地区，一般用三角测量或三边测量方法建立。对于地面平坦而通视比较困难的地区，如在扩建或改建的工业场地，则可采用导线网或建筑方格网的方法。在特殊情况下，根据需要也可布置一条或几条建筑轴线组成简单图形作为施工测量的控制网。现在已经用 GPS 技术建立平面测量控制网。不管选用何种施工控制网，在应用它进行实际放样前，必须对其进行复测，以确认点位和测量成果的一致性及使用的可靠性。

2. 工业与民用建筑施工放样

工业与民用建筑施工放样，应从设计总平面图中查得拟建建筑物与控制点间的关系尺寸及室内地平标高数据，取得放样数据和确定放样方法。平面位置检核放样方法一般有直角坐标法、极坐标法、角度交会法、距离交会法等，高程位置检核放样方法主要是水准测量方法。

放样内容要点是：房屋定位测量、基础施工测量、楼层轴线投测以及楼层之间高程传递。在高层楼房施工测量时，特别要严格控制垂直方向的偏差，使之达到设计要求。这可以用激光铅直仪或传递建筑轴线的方法加以控制。

3. 高层建筑施工测量

随着我国社会主义现代化建设的发展，像电视发射塔、高楼大厦、工业烟囱、高大水塔等高耸建筑物不断兴建。这类工程的特点是基础面小、主体高，施工必须严格控制中心位置，确保主体竖直垂准。这类施工测量工作的主要内容是：①建筑场地测量控制网（一般有田字形、圆形及辐射形控制网）；②中心位置放样；③基础施工放样；④主体结构平面及高程位置的控制；⑤主体建筑物竖直垂准质量的检查；⑥施工过程中外界因素（主要指日照）引起变形的测量检查。

4. 线路工程施工测量

线路工程包括铁路、公路、河道、输电线、管道等，施工测量复核工作大同小异，归纳起来有以下几项：①中线测量，主要内容有起点、转点、终点位置的检核；②纵向坡度及中间转点高度的测量；③地下管线、架空管线及多种管线汇合处的竣工检核等。

三、测绘产品质量管理与贯标的关系

（一）贯标

通常所说的贯标就是指贯彻 ISO9001：2015 的关于质量管理体系的标准，其核心思想是以顾客为关注焦点，以顾客满意为唯一标准，通过发挥领导的作用，全员参与，运用过程方法和系统方法，持续改进工作的一种活动。加强贯标工作，是一个企业规避质量风险、品牌风险、市场风险的基础工作。

测绘生产单位只有切实、有效地按照 ISO9000 系列标准建立质量管理体系并持续运行，才能够通过贯标活动改进内部质量管理。因此，在体系运行中，测绘生产单位要抓好以下控制环节：①统一思想认识，尤其是领导层，树立“言必信，行必果”的工作作风；②党政工团组织发挥作用，协同工作，使全体人员具有浓厚的质量意识；③使每个人员明确其质量职责；④规定相应的奖惩制度；⑤协调内部质量工作，明确规定信息渠道。

测绘产品质量管理工作在贯标中所涉及的相关要素见表 4–1。

表 4–1　测绘产品质量管理工作在贯标中所涉及的相关要素

相关质量要素	相关部门	工作要点
文件和资料控制	质量管理处、各生产部门	专人负责文件资料管理（含软件） 负责与产品质量有关的文件发放和管理 更改、变更与产品质量有关的文件并填写“文件变更记录”
采购	生产经营处、分承包方	对分承包方的测绘产品质量进行验证 分承包测绘产品质量下降时报生产经营处 必要时在货源处（分承包方的测绘产品生产地）进行验证
检验和实验状态	生产经营处、质量管理处、各生产部门	检验员应为专职的，且有相应的资质并经过任命 检验过程按规定记录，同时标明检验结果 检验记录按规定归档 检验场所的产品应标明检验状态，必要时应作说明
不合格品控制、纠正和预防	质量管理处、各生产部门	对发现的不合格品进行标识、记录、隔离，报告各相关部门 组织对不合格品进行评审，对不合格品定性并提出处置意见 对经过返工的不合格品重新检验 分部发现的不合格品应报质量管理处，质量管理处汇总后报科技处 各项记录按规定保存在质量管理处

（二）测绘质量监督管理办法

测绘产品必须经过检查验收，质量合格的方能提供使用。检查验收和质量评定，执行《测绘产品检查验收规定》和《测绘产品质量评定标准》。

测绘产品质量检验有监督检验和委托检验两种类型，它们的区别主要表现在以下方面：①检验机构服务的主体不同。监督检验服务的主体是审批、下达监督检验计划的测绘主管部门和技术监督行政管理部门。委托检验服务的主体是用户或委托方。②检验根据不同。监督检验依据的是国家有关质量的法律、地方政府有关质量的法律法规、国民经济计划和强制性标准。委托检验依据的一般是供需双方合同约定的技术标准。③检验经费来源不同。监督检验所需费用一般由中央和地方财政拨款。委托检验费用则由生产成本列出。④取样母本不同。监督检验的样本母体是验收后的产品。委托检验的样本母体是生产单位最终检查后的产品。⑤责任大小不同。监督检验承检方需对批量产品质量结论负责，委托检验则根据抽样方式决定承检方责任大小。如果是委托方送样，承检方仅对来样的检验结论负责。若是承检方随机抽样，则应对批量产品质量结论负责。⑥质量信息的作用不同。监督检验反馈的质量信息供政府宏观指导参考，奖优罚劣。委托检验的质量信息仅供委托方了解产品质量现状，以便采取应对措施。

上述区别决定了产品质量监督检验和委托检验采用的质量检验方法和质量评判规则的不同。在市场经济体制下，测绘产品质量委托检验在质检机构的业务份额中占据的比重越来越大。质检机构在承检委托检验业务时的首项工作，就是确定检验技术依据，而采用何种检验技术依据，一般应由委托方提出。检验技术依据选择的正确与否，将直接关系产品质量判定的准确性。因此，质检机构的检验工作都是在确立的检验技术依据的基础上进行的，如检验计划的制定、检验计划的实施以及产品质量的判定等。因此，正确选用检验技术依据显得尤为重要。

第五章　遥感原理与图像处理

第一节　遥感理论基础

一、电磁波与辐射

遥感技术以物体电磁波辐射理论为基础。任何物体本身都具有发射、吸收和反射电磁波的能力，这是物体的基本特征。遥感就是利用传感器所接收的地面目标物的电磁波中所携带的信息识别与分析目标，从而达到探测目标物的目的。

（一）电磁波及其特性

1. 电磁波

波是振动在空间的传播形式。在空气中传播的声波、在水面传播的水波和在地壳中传播的地震波等都是由振源发出的振动在弹性介质中的传播，这些波统称为机械波。光波、热辐射、微波、无线电波等都是由振源发出的电磁振荡在空间的传播，这些波称为电磁波。电磁波是在真空或物质中通过传播电磁场的振动而传输电磁能量的波，也称为电磁辐射。电磁波的传输可以从麦克斯韦方程式中推导出来。

2. 电磁波的性质

电磁波具有波动性和粒子性两种性质。电磁辐射在传播过程中主要表现为波动性，而电磁辐射与物质相互作用时主要表现为粒子性，这就是电磁波的波粒二象性。遥感传感器可以探测到目标物在单位时间辐射的能量，正是电磁辐射的粒子性，某时刻到达传感器的电磁辐射能量才具有统计性。电磁波的波长不同，其波动性和粒子性所表现的程度也不同。一般来说，波长越短，电磁波的粒子特性越明显；波长越长，波动特性越明显。遥感技术正是利用电磁波的波粒二象性来探测目标物电磁辐射信息的。

电磁波的波长、传播方向、振幅和偏振面与遥感信息探测具有对应关系。波长在可见光对应于目标地物的颜色，利用传播方向和振幅可以探测目标地物的形状与位置信息，偏振面主要应用于微波遥感中。①

（二）电磁波谱与遥感监测

1. 电磁波谱

射线、紫外线、可见光、红外线、微波、无线电波等都是电磁波，将各种电磁波在真空中传播的波长（或频率）按其长短递增或递减排列成的表叫作电磁波谱。

电磁波谱中的不同波段，习惯使用的波长单位也不相同。在无线电波波段，波长的单位取千米（km）或米（m）；在微波波段，波长的单位取厘米（cm）或毫米（mm）；在红外线波段，常取的单位是微米（μm）；在可见光和紫外线波段，常取的单位是纳米（nm）或微米（μm）。

除了用波长来表示电磁波外，还可以用频率来表示，习惯上常用波长表示短波（如γ射线、X射线、紫外线、可见光、红外线等），用频率表示长波（如无线电波、微波等）。

2. 遥感技术常用的电磁波

目前遥感所使用的电磁波集中在紫外线、可见光、红外线和微波波段。遥感常用的各光谱段及其主要特性如下。

（1）紫外线

波长范围为 0.01 ~ 0.38 μm。太阳辐射含有紫外线，通过大气层时，波长小于 0.3 μm 的紫外线几乎都被吸收，只有波长 0.3 ~ 0.38 μm 的紫外线部分能穿过大气层到达地面，且能量很少，并能使溴化银底片感光。紫外波段在遥感中的应用比其他波段晚，目前主要用于探测碳酸盐岩分布。碳酸盐岩在 0.4 μm 以下的短波区域对紫外线的反射比其他类型的岩石强。另外，水面漂浮的油膜比周围水面反射的紫外线要强烈，因此可用于油污染的监测。但是紫外波段从空中可探测的高度大致在 2000 m 以下，对高空遥感不宜采用。

（2）可见光

可见光是遥感中最常用的波段。可见光在电磁波谱中只占一个狭窄的区间，波长范围为 0.38 ~ 0.76 μm，由红、橙、黄、绿、青、蓝、紫七色光组成，人眼对

① 鲁志强，王蕴慧，孟祥妹．遥感原理与图像处理实验教程[M]．哈尔滨：哈尔滨工业大学出版社，2020.

可见光可直接感觉，无论是对可见光的全色光，还是对不同波段的单色光都具有这种能力，所以可见光是鉴别物质特征的主要波段。在遥感技术中，常用光学摄影的方式接收和记录地物对可见光的反射特征，也可将可见光分成若干波段，同一瞬间对同一景物同步摄影以获得不同波段的像片，或采用扫描方式接收和记录地物对可见光的反射特征。

（3）红外线

红外线波长范围为 0.76 ~ 1000 μm，为了实际应用方便，又将其划分为近红外线（0.76 ~ 3 μm）、中红外线（3 ~ 6 μm）、远红外线（6 ~ 15 μm）和超远红外线(15 ~ 1000 μm)。近红外线在性质上与可见光相似，由于主要是地表反射太阳的红外辐射，因此又称为反射红外。在遥感技术中，采用摄影方式和扫描方式接收和记录地物对太阳辐射的红外反射。近红外波段常用于植被、水体及水体污染的监测，在遥感技术中也是常用波段。

中红外线、远红外线和超远红外线是产生热感的原因，所以又称为热红外线。自然界中任何物体，当温度高于绝对零度（–273.15℃）时，均能向外辐射红外线。物体在常温范围内发射红外线的波长多为 3 ~ 4 μm，而 15 μm 以上的超远红外线易被大气和水分子吸收，所以在遥感技术中主要利用 3 ~ 15 μm 波段，更多的是利用 3 ~ 5 μm 和 8 ~ 14 μm 两波段。红外遥感是采用热感应方式探测地物本身的辐射（如热污染、火山、森林火灾等），所以不仅白天可以进行遥感探测，夜间也可以进行。

（4）微波

微波的波长范围为 1mm ~ 1m，可分为毫米波、厘米波和分米波。由于微波的波长比可见光和红外线要长，能穿透云、雾而不受天气影响，因此能进行全天候全天时的遥感探测。微波遥感可以采用主动或被动方式成像。另外，微波对某些物质具有一定的穿透能力，能直接透过植被、冰雪、土壤等表层覆盖物。因此，微波在遥感技术中是一个很有发展潜力的遥感波段。

3. 电磁辐射的度量单位

在遥感探测过程中，需要测量从目标地物反射或辐射的电磁波能量。为了定量描述电磁辐射，需要了解下面一些辐射度量的术语及其定义。

辐射能量（W）。电磁辐射的能量，单位是 J。

辐射通量（Φ）。在单位时间内传送的辐射能量（W），是辐射能流的单位，记

为 $\Phi=\mathrm{d}W/\mathrm{d}t$。

辐射通量密度（E）。单位面积、单位时间内所截获的辐射能量，记为 $E=\mathrm{d}\Phi/\mathrm{d}s=\mathrm{d}W/(\mathrm{d}t\cdot\mathrm{d}S)$。

辐照度（I）。被辐照的物体表面单位面积上的入射辐射通量，记为 $I=\mathrm{d}\Phi/\mathrm{d}S$，单位是 $\mathrm{W/m^2}$。

辐射出射度（M）。被辐照的物体单位面积上出射的辐射通量，记为 $M=\mathrm{d}\Phi/\mathrm{d}S$。辐照度与辐射出射度都是描述辐射能量的密度，前者描述物体接收的辐射，后者为物体发出的辐射。

辐射亮度（L）。在单位立体角、单位时间内，从外表面的单位面积上辐射出的辐射能量。

（三）电磁辐射源

自然界中一切物体都是辐射源，而太阳和地球是自然界中最大的天然辐射源，也是遥感探测中被动遥感的主要辐射源。太阳是可见光及近红外遥感的主要辐射源，地球是远红外遥感的主要辐射源。主动式遥感采用人工辐射源，是微波遥感的主要辐射源。

1. 太阳辐射

（1）太阳常数

太阳是太阳系的中心天体，太阳辐射是地球上生物、大气运动的能源，也是被动式遥感系统中重要的天然辐射源。太阳辐射以电磁波的形式，通过宇宙空间到达地球表面，全程时间约 500 s。地球挡在太阳辐射的路径上，以半个球面承受太阳辐射。地球表面上各部分承受太阳辐射的强度是不相等的，当地球处于日地平均距离时，单位时间内投射到地球大气上界且垂直于太阳辐射线的单位面积上的太阳辐射能为 $1.36\times10^3\mathrm{W/m^2}$，此数值称为太阳常数。一般来说，垂直于太阳辐射线的地球单位面积上接收的辐射能量与太阳至地球距离的平方成反比。太阳常数不是恒定不变的，一年内约有 7% 的变动。太阳常数是地球大气顶端接收的太阳能量，不受大气的影响，所以太阳常数对研究太阳辐射及遥感探测十分重要。

（2）太阳光谱

太阳表面的温度约有 6000 K，它以接近于温度为 5800 K 的理想黑体辐射的能力向外散发着辐射。太阳发射的能量大部分集中在可见光波段，其最强的辐射波长位于 0.48 μm 左右。从大气外层太阳辐照度曲线可以看出，太阳辐射的光谱是连续光谱。太阳辐射在近紫外到中红外这一波段区间能量最集中，能量相对最稳定，太阳强度变化最小，太阳活动对遥感的影响降至最小，此波段是被动遥感的主要利用波段。其他波段如 X 射线、γ 射线、远紫外及微波波段，尽管它们的能量加起来不到 1%，但变化却很大，一旦太阳活动强烈，如黑子和耀斑爆发，其强度也会剧烈增长，因此会影响地球磁场，中断或干扰无线电通信，同时也会影响宇航员或飞行员飞行。

海平面处的太阳辐照度曲线与大气层外的曲线有很大不同。太阳辐射通过大气圈后到达地面，由于大气对太阳辐射有一定的吸收、散射和反射，因此投射到地面上的太阳辐射强度有很大衰减。同时，由于大气中的水、氧气、臭氧、二氧化碳等分子对太阳辐射的选择性吸收作用，因此衰减产生差异，那些衰减最大的区间便是大气分子吸收的最强波段。

2. 地球辐射

（1）地球辐射定义

地球辐射主要指地球自身的热辐射，是远红外遥感的主要辐射源。地球表面的平均温度大约是 300 K，地球辐射最强的波长是 9.66 μm，属于远红外波段。由于这种辐射与地表热有关，因此也称为热红外遥感。地球辐射的能量分布在从近红外到微波这一很宽的范围内，但大部分集中在 6 ~ 30 μm。热红外遥感被广泛应用于地表地热异常的探测、城市热岛效应及水体热污染等方面的研究。

（2）太阳辐射与地球辐射的关系

太阳辐射近似于温度为 6000 K 的黑体辐射，而地球辐射则接近于温度为 300 K 的黑体辐射。最大辐射波长分别为 0.48 m 和 9.66 μm，两者相差较远。表 5–1 反映了太阳辐射和地球辐射的分段特性。

表 5–1　太阳辐射和地球辐射的分段特性

波长 /μm	波段名称	辐射特性
0.3~2.5	可见光和近红外	地表反射太阳辐射为主
2.5~6	中红外	地表反射太阳辐射和地表物体自身的热辐射
＞6	热红外	地表物体自身的热辐射为主

太阳辐射主要集中在 0.3 ~ 2.5 μm，属于紫外、可见光和近红外波段。传感器探测的目标地物在这些波段的电磁辐射主要是地表反射的太阳辐射。因此，遥

感探测常用的可见光和近红外遥感需要详细了解目标地物的反射光谱特征。

地球自身的辐射能主要集中在长波，即 6 μm 以上的热红外区段。该区段受太阳辐射的影响几乎可以忽略不计，只考虑地表物体自身的热辐射。热红外对于探测地表的地热异常非常有效，为了避免太阳辐射的影响，最好选择清晨。

在 2.5 ～ 6 μm，即中红外波段，是两种辐射共同起作用的部分，地球对太阳辐射的反射和地表物体自身的热辐射均不能忽略。

3. 人工辐射源

人工辐射源指人为发射的具有一定波长（或一定频率）的波束，主动式遥感采用人工辐射源。工作时根据接收地物散射该光束返回的后向反射信号强弱，从而探知地物或测距，称为雷达探测。雷达可分为微波雷达和激光雷达。在微波遥感中，目前常用的主要为侧视雷达。

微波辐射源在微波遥感中常用的波段为 0.8 ～ 30 cm。微波波长比可见光、红外线波长要长，受到大气散射影响小。因此，微波遥感具有全天候全天时探测能力，在海洋遥感及多云多雨地区得到广泛应用。

激光辐射源在遥感技术中逐渐得到应用，其中应用较广的是激光雷达。激光雷达使用脉冲激光器，可精确测定卫星的位置、高度、速度等，也可测量地形、绘制地图、记录海面波浪情况，还可利用物体的散射性及荧光、吸收等性能监测污染和勘查资源。

二、遥感地物波谱

自然界中任何地物都具有反射和发射电磁辐射的能力，但同一物体在不同波长处的反射和发射电磁辐射的能力也有所差异。这种地物辐射能力随波长而变化的规律，就是地物的波谱特性，包括地物的反射波谱特性和地物的发射波谱特性。

（一）地物的反射波谱特性与地物反射波谱曲线

当太阳辐射能量入射到地物表面上时，会发生三种情况：一部分入射能量被地物反射；一部分入射能量被地物吸收，成为地物本身的内能或部分再发射出来；一部分入射能量被地物透射。

在反射、吸收、透射中能量使用最多的是反射。因为遥感探测常用的可见光与近红外波段，主要是以地物反射太阳辐射能量为主，所以为了更好地识别地物及进行遥感定量研究，必须详细分析每种地物的反射波谱特性。

1. 地物的反射率

不同地物对入射电磁波的反射能力是不一样的，通常采用反射率（反射系数、亮度系数）来表示。反射率是地物对某一波段电磁波的反射能量与入射总能量之比，其数值用百分比表示。

地物反射率的大小与入射电磁波的波长、入射角的大小以及地物表面颜色和粗糙度等有关。一般来说，当入射电磁波波长一定时，反射能力强的地物反射率大，在黑白遥感图像上呈现的色调就浅；反之，反射能力弱的地物反射率小，在黑白遥感图像上呈现的色调就深。在遥感图像上，色调的差异是判读遥感图像的重要标志。

物体表面状况不同，反射率也不同。根据对反射的影响，物体表面可分为光滑表面和粗糙表面；根据反射类型，物体表面发生的反射可分为镜面反射、漫反射和实际物体表面的反射。

镜面反射是指由光滑表面产生的反射，反射时满足反射定律，入射波和反射波在同一平面内，入射角与反射角相等。镜面反射时，如果入射波为平行入射，则只有在反射波射出的方向上才能探测到电磁波，其他方向探测不到。对可见光而言，其他方向应该是黑的。自然界中真正的镜面很少，非常平静的水面可以近似认为是镜面。

漫反射是粗糙表面上产生的反射，其反射方向不遵守反射定律，在物体表面各个方向都有反射，其反射强度遵循朗伯定律。对于漫反射，当入射强度一定时，从任何角度观察反射面，其反射率都是一个常数，这种反射面叫作朗伯面。自然界中真正的朗伯面很少，新鲜的氧化镁、硫酸钡、碳酸镁等的表面常被近似看成朗伯面，在地面光谱反射率测定时常用来制作标准板。

实际物体表面既不是镜面，也不是粗糙表面，所以电磁辐射在各个方向上都有反射，但在某一方向，反射率要大一些，这种现象称为方向反射。方向反射相当复杂，其反射率的大小既与入射方向的方位角和天顶角有关，也与反射方向的方位角和天顶角有关。

2. 地物的反射波谱曲线

地物的反射波谱反映了地面物体反射率随波长的变化规律。不同物体对同一波长的电磁辐射具有不同的反射能力，同一物体对不同波长的电磁辐射也具有不同的反射能力。地物的反射率随入射波长变化的规律称为地物反射波谱，按地物反射率与波长之间的关系绘成的曲线称为地物反射波谱曲线。图 5–1 为几种典型地物的反射波谱曲线。

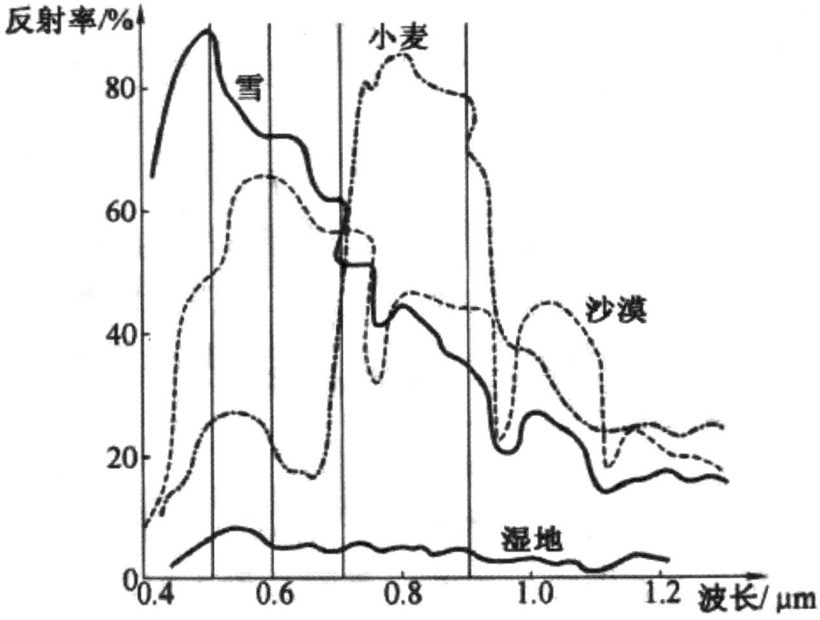

图 5–1　几种典型地物的反射波谱曲线

由于物质组成和结构不同，不同地物具有不同的反射光谱特性，因此可以根据遥感传感器所接收的电磁波光谱特征的差异来识别不同的地物，这就是遥感的基本出发点。通过图 5–1 所示的四种地物反射光谱曲线图，需要理解以下六方面。

（1）不同的地物具有不同的波谱特征

雪的反射光谱和太阳光谱很相似，在 0.4 ～ 0.6 μm 波段有一个很强的反射峰，反射率几乎接近 100%，所以看上去是白色。随着波长的增加，反射率逐渐降低，进入近红外波段吸收逐渐增强，变成吸收体。雪的这种反射特性在这些地物中是独一无二的。

沙漠在橙光波段 0.6 μm 附近有一个强反射峰，所以呈现出橙黄色。

湿地在整个波长范围内的反射率均较低，当含水量增加时，其反射率就会下降，尤其在水的各个吸收带处，反射率下降更为明显。因此，在黑白像片上，其色调常呈深暗色调。

小麦的反射光谱曲线主要反映了小麦叶子的反射率，在蓝光波段和红光波段上有两个吸收带，其反射率较低。在两个吸收带之间，即在 0.55μm 附近有一个反射峰，这个反射峰的位置正好处于可见光的绿光波段，所以叶子的天然色调呈现绿色。大约在 0.7 μm 附近，由于绿色叶子很少吸收该波段的辐射能，因此其反射率骤然上升，至 0.8 μm 近红外波段范围内反射率达到高峰。

由于不同地物在不同波段反射率存在差异，因此在不同波段的遥感图像上呈现出不同的色调，这是判读识别各种地物的基础和依据。

（2）根据区分的地物不同选择不同波段的遥感影像

0.4 ~ 0.5 μm 波段的像片可以将雪和其他地物区分开；0.5 ~ 0.6 μm 波段的像片可以将沙漠与小麦、湿地区分开；0.7 ~ 0.9 μm 波段的像片可以将小麦与湿地区分开。在遥感上对不同的研究地物，可根据地物的光谱特征选择最佳波段像片进行判读。

航空摄影测量对摄影机的要求非常严格，如镜头畸变要小，解像力要高，光轴与胶片平面必须正交，可以精密测量出光轴与像面的位置关系，胶片应具备严格的平面性，配有使胶片平面移动的像移补偿装置，以使相机在高速运动中取得清晰的、消除像移的图像。

用于航空摄影的摄影机有瑞士徕卡公司的 RC 系列摄影机（如 RC–30）、德国蔡司厂的 LMK 系列摄影机（如 LMK2000）、RMK 系列的 TOP 摄影机和国产的 HS2323 摄影仪。目前，较新型的航摄仪都带有 GPS 自动导航和 GPS 控制的摄影系统。

在太空工作的摄影机，在设计上需要根据太空环境的特点增加特殊装置或做特殊处理，以应对各种可能出现的问题。例如，针对摄影机在空间摄影地区的地理纬度相差很大，太阳高度角各不相同，且不同地区的地物反射能力不尽相同的特点，装备自动曝光控制装置，使摄影机能得到合适的曝光量。摄影机在空间工作时的环境温度会直接影响光学系统的性质，改变焦面位置和胶片灵敏度，因此必须控制窗口内的温度、压力和湿度，尽量减少这些因素对空间摄影机光学系统的影响。

用于航天遥感的相机很多，如已在美国航天飞机及空间实验室工作过的 RMK–A30/23 摄影机，焦距为 305.128 mm，像幅为 23 cm × 23 cm，标准卫星高度为 250 km，像片比例尺为 1 ∶ 820 000，每幅像片对应地面范围为 189 km × 189 km，物镜最大畸变差为 6 um，分辨率为 39 线对 /mm，每 4 ~ 6s 或 8 ~ 12s 曝光一次，相机姿态控制在 0.5° 以内，取得影像的航向重叠度为 60% ~ 80%。

2. 缝隙式摄影机

缝隙式摄影机又称为航带式或推扫式摄影机。缝隙式摄影机安装在飞机或卫星上，摄影瞬间获取的影像是与航向垂直且与缝隙等宽的一条地面影像带。当飞机或卫星向前飞行时，在相机焦平面上与飞行方向垂直的狭隙中出现连续变化的地面影像。若相机内的胶片不断地卷绕，且卷绕速度与地面影像在缝隙中的移动速度相同，就能得到连续的条带状的航带摄影像片。

缝隙式摄影机并非逐帧曝光，而是通过连续曝光的方式成像。为了获得清晰、连续的影像，卷片速度必须与景物在相机焦平面内移动的速度相等。

当平台速度与卷片速度不匹配时，尽管它仍是多中心投影（每个缝隙的影像有同一投影中心），但是条缝间的影像会出现重叠和不连续性。由于在实际摄影中难以保持合适的速高比，相机姿态变化不易控制，因此这种摄影机已较少应用，但缝隙式摄影机的思想是目前较流行的线阵 CCD 传感器的基础。

3. 全景摄影机

全景摄影机又称为扫描摄影机或摇头摄影机，其成像原理是；利用焦平面上一条平行于飞行方向的狭缝来限制瞬时视场，在摄影瞬间获得地面上平行于航迹线的一条很窄的影像，当物镜沿垂直于航线方向摆动时，就得到一幅全景像片。

全景式摄影机的特点是焦距长，有的长达 600 mm 以上，可在长约 23 cm，宽达 128 cm 的胶片上成像。这种相机的摄影视场很大，有时能达 180°，可摄取从航迹到两边地平线之间的广大区域。由于每个瞬间的影像都在物镜中心一个很窄的视场内构像，因此，像片上每一部分的影像都很清晰，像幅两边的影像分辨率明显提高。但由于全景相机在成像过程中焦距保持不变，而物距随扫描角的增大而增大，因此在图像上会出现两边比例尺逐渐缩小的现象。

4. 多光谱摄影机

对同一地区、同一瞬间摄取多个波段影像的摄影机称为多光谱摄影机。同一地物在不同光谱段具有不同的辐射特征，多光谱摄影增加了目标地物的信息量，通过对比分析或图像处理技术，可以有效提高影像的判读和识别能力。常见的多光谱摄影机有单镜头和多镜头两种形式。

（1）单镜头型多光谱摄影机

单镜头型多光谱摄影机成像原理是在物镜后利用分光装置将收集的光束分离成不同的光谱成分，然后分别在不同胶片上曝光，形成地物不同波段的影像。这种摄影机的分光原理通常是利用半透明的平面镜的反射和透射现象，将收集的光束分解成所要求的几个光束，然后使它们分别通过不同的滤光片，从而达到分光的目的。

（2）多镜头型多光谱摄影机

多镜头型多光谱摄影机的成像过程是利用多个物镜获取地物在不同波段的反射信息（采用在不同镜头前加不同滤光片的形式），并同时在不同胶片上曝光而得到地物的多光谱像片。相机物镜镜头的数量决定其获取多光谱像片的波段数量，如四镜头多光谱相机可同时获取四个波段的多光谱像片。图 5-2 为四镜头多光谱相机的成像原理图。

图 5-2　四镜头多光谱相机的成像原理

摄影相机在成像时要根据不同的目的选择合适的胶片和对应的滤光片。根据感光特性的不同，摄影胶片可分为黑白胶片、彩色胶片和彩色红外胶片。常用的黑白胶片有全色胶片和全色红外胶片，它们的感光范围分别为 0.4 ~ 0.7 μm 和 0.4 ~ 0.8 μm。地物在黑白胶片上影像的密度与其反射太阳辐射的能力大小成正比。彩色胶片的感光范围为 0.4 ~ 0.7 μm，地物在负片上的颜色与地物自身的颜色互补，在晒印像片（正片）上的颜色与地物颜色一致。彩色红外胶片的感光范围为 0.5 ~ 0.8 μm，仅对绿色光、红色光和近红外光起作用。在负片上，绿色物体呈黄色，红色物体呈蓝色，反射近红外光能力强的物体呈青色；在正片上，绿色物体呈蓝色，红色物体呈绿色，反射近红外光能力强的物体呈红色。由于地物在彩色红外像片的颜色与其自身颜色不一致，因此彩色红外像片又叫作假彩色红外像片。

滤光片是改变光线光谱成分的介质，是获取理想影像不可缺少的器件。滤光片按制作材料可分为玻璃滤光片、胶质滤光片、塑料滤光片和液体滤光片，摄影中采用的大多是玻璃滤光片。摄取全色像片和彩色像片时，为了减少大气散射光的影响，增加影像反差和防止偏色，常在摄影机的镜头前加浅黄色滤光片来限制蓝光的通过；假彩色红外摄影时，通过黄色滤光片吸收全部蓝光成分，使绿色光、红色光、红外光通过，达到摄影目的。

摄影照相机用胶片记录地物电磁波辐射信息，具有很高的灵敏度和分辨率。但是，摄影胶片所能响应的波段在 0.4 ～ 1.1 μm 的较窄范围内，即它仅能获取地物的 0.4 ～ 1.1 μm 的电磁波信息，而且胶片不便于地物信息的实时传输和数字处理。因此，这种类型的传感器难以长时间连续工作。

第二节　遥感图像的校正处理

一、遥感图像的辐射校正

遥感成像过程十分复杂，传感器本身性能、大气条件以及太阳高度等因素的影响，导致卫星上传感器所观测到的地表辐射能量与地面近距离观测结果有所差异。遥感图像的辐射校正用于校正遥感图像的辐射误差（观测值与地面真值间的差异），恢复遥感图像中地物在地面的真实反射特征和辐射特征。

如图 5-3 所示，辐射校正的输入是传感器的数字测量值（DN），输出是地物辐射亮度或反射率。辐射校正需要按照传感器校正、大气校正、地形和太阳高度校正的顺序进行，该顺序与成像过程中辐射误差产生的顺序相反。经过传感器校正后，可以确定传感器入口处的准确辐射值，即大气顶层辐射亮度或反射率；经过大气校正后，可以确定地表的辐射亮度或反射率；经过地形和太阳高度校正，可以消除地形起伏和太阳高度角引起的辐射亮度误差，使得地表获得的太阳辐射稳定统一，便于地物反射率的比较。辐射校正流程如图 5-3 所示。

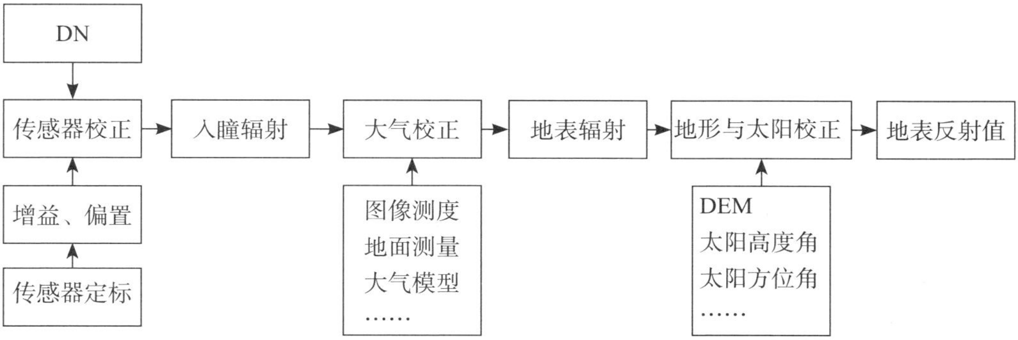

图 5-3　辐射校正流程

二、多项式校正法

获取的遥感图像通常会存在几何变形，几何校正的目的是利用控制点的图像坐标和地图坐标的对应关系，近似确定图像坐标系和地图坐标系之间的变换关系，消除图像的几何变形，产生一幅符合某种地图投影要求的新图像。

遥感影像的几何变形由多种因素引起，其变化规律十分复杂。因此，在几何校正中，通常回避成像的空间几何过程，直接对影像变形本身进行数学模拟，把遥感影像的总体变形看作是平移、缩放、旋转、仿射、偏扭、弯曲以及更高次的基本变形的综合作用结果，用一个适当的多项式来描述校正前后图像相应点之间的坐标关系。此即多项式校正法的基本思想，该方法对各类型传感器图像的几何校正是普遍适用的。

多项式校正的一般过程如下：选择合适的参考图；选取地面控制点；确定几何校正变换函数；像元的几何位置变换；像元的灰度重采样。

三、中心投影图像的投影校正

光学遥感影像大都为地物的中心投影构像，而地图在局部范围内可认为是地物的垂直（正射）投影，这是两种不同性质的投影。在中心投影方式下，地表上各点会随着地形起伏在图像上产生几何失真，高于或低于所选定基准面的地面点的像点，与该地面点在基准面上的垂直投影点的像点之间存在直线移位，即产生投影误差。这种现象在光学遥感图像上表现为，远离视点且高程较高的地点的像点会倒向视点的相反一侧。

要消除中心投影图像因地形起伏造成的投影误差，必须从中心投影图像的构像方程出发，利用数字高程模型，对投影误差进行校正。校正这种地表起伏引起的投影误差，使其与地图重合的精密几何校正处理被称为正射校正，所得到的校正影像被称为正射影像，该影像兼有地图特性和图像特性。

（一）中心投影图像的构像方程

1. 中心投影

中心投影是根据小孔成像原理，在小孔处安装一个摄影物镜，在成像处放置感光材料，在某一摄影瞬间，地物经摄影物镜成像于感光材料上，再经摄影处理得到物体图像。成像的各光线汇聚于物镜中心，物镜中心称为摄影中心。感光底片经摄影处理后得到的是负片，像点坐标与地物地面坐标方向相反，将负片晒印在相纸上便得到正片，正片与负片以摄影中心呈几何对称。框幅式摄影机获取的影像是被摄地区的中心投影影像，来自地面上所有点的光线通过摄影中心在像平面上成像，为便于计算，一般采用正成像平面。①

中心投影构像具有以下特点：地物点通过摄影中心与其像点共一条直线；投影中心到像平面的距离为物镜主距；地面起伏使得各处影像比例尺不同；具有高差的物体成像在像片上有投影差；地形起伏会导致图像发生像点位移。

2. 共线方程

为确定图像点和对应地面点之间的数学关系，需要在像方和物方空间建立坐标系。遥感图像的构像过程可以通过一系列的坐标系来进行，包括地面坐标系、平台坐标系、框架坐标系、传感器坐标系、图像坐标系、地图坐标系等。在近似垂直摄影的情况下，传感器坐标系、框架坐标系和平台坐标系可视为同一个系统。

（二）数字高程模型

正射校正时必须有表示地表起伏状况的数字高程模型（DEM）参与。DEM 是地表形态的数字描述，地面用按照一定格网形式有规则地排列，点的平面坐标 X、Y 可由起始原点推算而无须记录，这样地表形态只用点的高程表示。DEM 主要有两种表示形式，即格网 DEM 和不规则三角网（TIN）DEM。

格网 DEM 数据简单，以矩阵方式排列，与遥感数据的存储形式类似，这种矩形格网 DEM 存储量最小（还可进行压缩存储），便于使用且容易管理，是目前使用最广泛的一种形式。其缺点是有时不能准确地表示地形的结构与细部，导致基

① 朱术龙．遥感图像处理与应用 [M]. 西安：西北工业大学出版社，2023.

于 DEM 描绘的等高线不能准确地表示地貌，并且格网高程是原始采样的内插值，内插过程将损失高程精度，较适合于中小比例尺 DEM 的构建，而且在地形平坦地区存在较大的数据冗余。

为了能较好地顾及地貌特征点和线，以便真实地表示复杂的地形表面，较理想的数据结构是将按地形特征采集的点按一定规则连接成覆盖整个区域且互不重叠的三角形，构成一个由 TIN 表示的 DEM。但是，TIN 的数据量大，数据结构较复杂，因而使用和管理也比较复杂。

高质量的 DEM 数据对于正射校正效果起着决定性的作用。目前 DEM 数据的获取手段主要有以下几种。

野外实测获取。利用自动记录的测距经纬仪在野外实测，以获取数据点坐标和高程。

对地形图数字化后获取。主要采用的仪器有手扶跟踪数字化器、扫描数字化器和半自动跟踪数字化器。

采用摄影测量的方法，利用立体像对生成 DEM 后内插得到。

采用干涉雷达技术获取。该方法充分利用了雷达回波信号所携带的相位信息，其原理是通过两副天线同时观测（单轨道双天线模式）或两次平行的观测（单天线重复轨道模式），获得同一区域的重复观测数据（复数影像对），综合起来形成干涉，得到相应的相位差，结合观测平台的轨道参数等提取高程信息，可以获取高精度、高分辨率的地面高程信息。

（三）数字微分校正

数字微分校正是当前正射校正的主要方法，其基本任务是实现两个二维图像之间的几何变换。该方法根据有关的参数与数字地面模型，利用相应的构像方程，或按照一定的数学模型从原始非正射投影的数字影像获取正射影像，这种过程是将影像划分为很多微小的区域逐一进行，且使用的是数字方式处理，因此叫作数字微分校正。

四、SAR 图像的几何校正

SAR 图像和光学图像在成像几何上有着本质的不同，前者的成像方式是侧视距离方式，后者是中心投影方式。成像几何的差异使得对 SAR 图像进行几何校正时不能照搬光学图像的校正方式。由于地形起伏会导致 SAR 图像中产生顶部位移、透视收缩和阴影等几何变形，高程对 SAR 图像的影响远甚于可见光图像，在地形起伏较大的地区，需要根据地理高程数据对影像进行逐点校正。

下面介绍基于距离 – 多普勒模型的 SAR 图像几何校正方法，这是一种有代表性的校正模型，具有明确的数学和物理意义，和 SAR 图像的成像机理高度吻合，已经成为星载 SAR 图像几何校正处理的标准生产方法之一。

（一）距离 – 多普勒模型

在雷达照射区域内，分布着等时延的同心圆束和等多普勒频移的双曲线束。同一回波时延的点目标具有不同的多普勒频移，具有相同多普勒频移的点目标具有不同的时延。根据距离向上回波信号的时延和方位向上的多普勒频移这两个信息，就可以将点目标区别确定，如图 5–4 所示。这就是距离 – 多普勒模型（Range–Doppler，R – D），既是 SAR 图像的成像模型，又可以作为像素的定位模型。

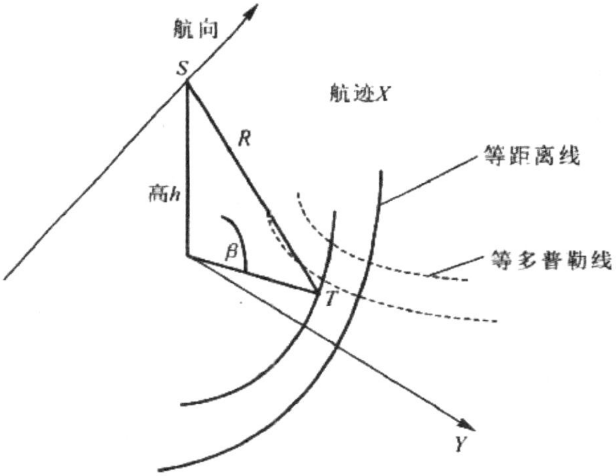

图 5–4　R–D 定位模型原理

（二）基于 R–D 模型的几何校正

1. 确定校正后影像范围

从原始图像上获得四个角点在影像上的行列号信息，读取轨道参数、卫星平台参数、成像处理参数，利用地球模型方程、SAR 距离方程和 SAR 多普勒方程，得到四个角点对应的地面坐标，确定校正后影像的输出范围。

将影像范围划分出格网，每个网点代表一个输出像素，根据精度要求定义输出像素在两个方向上的地面分辨率，确定输出图像中每个像素的行列号及其对应的地面坐标（X，Y，Z）。

2. 逐像元校正处理

确定校正后图像范围后，对于输出图像上的某一点（X_t，Y_t，Z_t），进行如图 5–5 所示的处理流程。

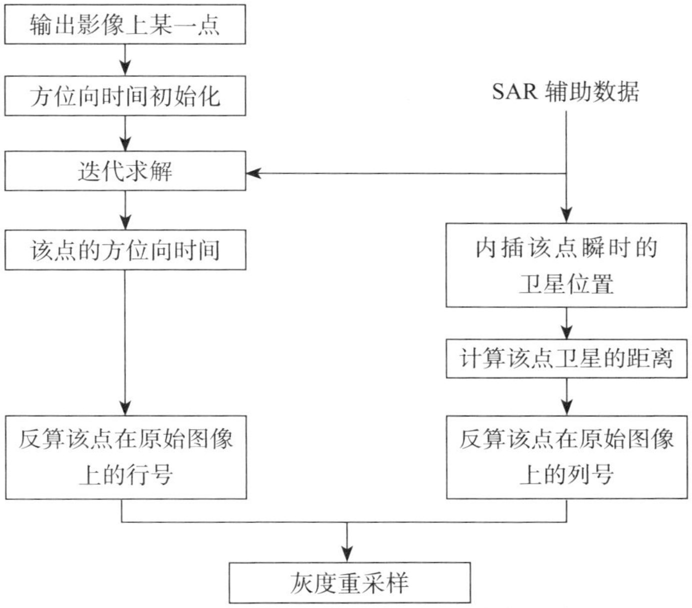

图 5–5　基于 R–D 模型的 SAR 几何校正流程

方位向时间初始化。以图像中间行的方位向时间作为该点的初始方位向时间。

迭代求解方位向时间。根据初始方位向时间和卫星轨道参数信息，内插出该点成像时卫星的位置和速度矢量；根据该点的地面坐标，计算该点到卫星位置的距离；根据多普勒方程，计算该点方位向时间的变化量；如果变化量满足精度要求，可计算得出该点的方位向时间，否则加上变化量后进行迭代处理，直到变化量满足精度要求为止。

计算该点在原始图像上的行号 y。根据相关公式，由方位向时间计算出该点在原始图像上的行号 y。

计算该点在原始图像上的列号 x。根据方位向时间和卫星轨道参数信息，内插出该点成像时卫星的位置，进而计算出该点到卫星的距离，然后根据相关公式，计算出该点在原始图像上的列号 x。

像元灰度重采样。采用上述操作，获得了输出图像上点（X_t，Y_t，Z_t）在原始图像上的对应坐标（x，y）。采用前文介绍的灰度重采样方法，获得坐标（x，y）处的灰度值，将其作为输出图像上的点（X_t，Y_t，Z_t）的灰度值。

第三节　遥感图像的增强处理

遥感技术的发展为人们提供了丰富的多源遥感数据，这些来自不同传感器的数据具有不同的时间、空间和光谱分辨率。单一传感器获取的图像信息量有限，往往难以满足应用需求，通过图像融合可以从不同的遥感图像中获得更多的有用信息，弥补单一传感器的不足。

一、红外图像的对比度增强

红外成像主要具有以下特点：①根据目标和背景辐射的温度差异成像；②红外探测器普遍存在非均匀性；③受大气影响较大。因此，红外图像的质量一般不如可见光图像，整体灰度分布低且较集中，对比度较低，细节特征不突出，严重影响后续的目标检测等处理，需要对其进行对比度增强等预处理。

（一）直方图均衡化

直方图均衡化算法是图像对比度增强最常用的方法之一，其基本思想是将原始图像的直方图转换为均等直方图，从而增加像素间灰度差的动态范围，增强图像整体对比度。由于它对图像整体进行同一个变换，因此也被称为全局直方图均衡化。直方图均衡化如图 5-6 所示。

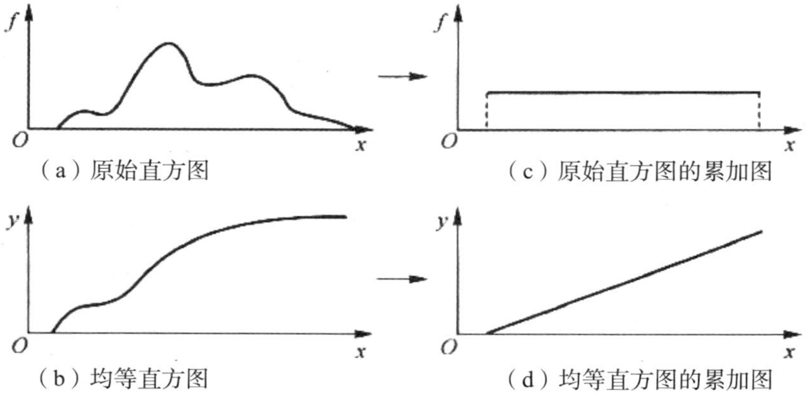

图 5-6　直方图均衡化

直方图均衡化对灰度变化剧烈的直方图区间分配更多的灰度阶层，对灰度变化平缓的直方图区间分配较少的灰度阶层，因此均衡化处理后各灰度级出现的频率近似相等，原始图像上频率低的灰度级被合并，频率高的灰度级被拉伸，使得亮度集中于某区间的图像得到改善，增强了图像上大面积地物与周围地物的反差。

直方图均衡化单纯地依靠概率分布来分配灰度级，每个灰度级的对比度增强比例与该灰度级在图像中出现的频率成正比。经过直方图均衡处理后，原始图像中位于均匀区域的像素可能会被过度增强，某些情况下过多合并原始灰度级可能会导致图像细节损失，从而导致背景和目标之间的差距变小。为了解决上述问题，多种改进算法被提出，如平台直方图均衡、自适应直方图均衡、对比度受限自适应直方图均衡等。[①]

（二）Retinex 增强

Retinex 由视网膜（Retina）和大脑皮层（Cortex）两个单词组合而成，Retinex 理论由 Edwin H. Land 于 20 世纪 60 年代提出，是建立在人眼视觉特性和颜色视觉理论基础上的理论，试图从人眼视觉成像的角度去模拟图像增强原理。该理论认为，决定物体颜色的是物体对光线的反射能力而非强度，同时物体的颜色具备恒常性，与光照条件无关。根据 Retinex 理论，可以将原始图像分解为照射分量和反射分量的乘积，即：

$$I(x, y)=L(x, y)\cdot R(x, y)$$

式中：$L(x, y)$ 为照射分量，决定了图像的动态范围，对应图像的低频部分；$R(z, y)$ 为反射分量，决定了图像的内在性质，对应图像的高频部分；$I(x, y)$ 是图像表达式，即观察者视角的图像。

基于 Retinex 理论的图像增强算法的原理是，通过去除图像照射分量，保留反射分量，从而获得图像本质特征，并通过对反射分量进行增强处理，从而使原始图像的质量得到提高，如图 5-7 所示。将图像转换到对数域进行处理的原因是让处理过程更加符合人眼的视觉特征，并且可以将复杂的乘除运算转化成简单的加减运算。

① 李玲．遥感数字图像处理 [M]. 重庆：重庆大学出版社，2010.

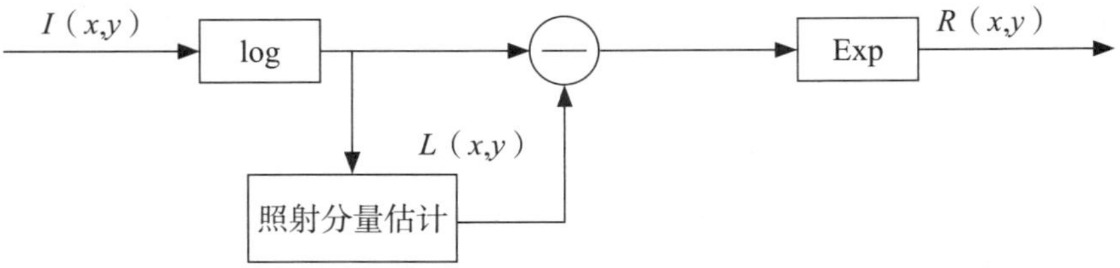

图 5–7　Retinex 算法流程

Retinex 算法处理图像时，将图像的每个颜色通道分别进行处理后再合成，灰度图像可以被认为只有一个颜色通道，因此该算法也适用于对灰度图像进行处理。红外图像的成像原理虽然与可见光图像不同，但可以类比可见光图像的成像原理做出如下假设：目标发出的红外辐射是在红外光源照射下目标对红外光线的反射，目标产生的红外图像就是由物体反射的红外光线形成的。所以，Retinex 算法同样适用于红外图像的增强处理，背景辐射强度代表 Retinex 模型中的环境照度分量，而目标辐射强度代表 Retinex 中的目标反射分量，因此分离背景辐射可以凸显出目标本身的辐射特性，有效解决红外图像低对比度的问题。

二、SAR 图像的相干斑抑制

相干斑噪声是包括 SAR 在内的所有相干成像系统所固有的原理性缺陷，其使得 SAR 图像不能正确反映地物目标的散射特性，严重影响了 SAR 图像质量，降低了 SAR 图像的可解译性。因此，抑制相干斑噪声是 SAR 图像增强的重要内容，可以在成像前或成像后处理，其中多视平均属于成像前处理方法，空间域滤波和变换域滤波等属于成像后处理方法。

（一）空间域滤波

空间域滤波法是基于 SAR 图像相干斑噪声的统计特性，利用图像像素之间的空间相关性来抑制 SAR 图像中的相干斑噪声，一般是利用一个滑动窗口，对窗口内的像素进行加权以得到窗口中心点的像素值。常见的空间域处理方法有均值滤波器、中值滤波器、Lee 滤波器、Frost 滤波器、Kuan 滤波器等。空间域滤波算法的共同特点是基于图像局部直方图特征、均值、灰度、梯度等指标来决定参与滤波的邻域点及其权值，进行自适应滤波，同时保持目标的结构。

（二）变换域滤波

以 Lee 滤波、Kuan 滤波、Frost 滤波及其改进方法为代表的空间域滤波方法借助滑动窗口估计出的图像局部统计量来完成滤波，算法简单，实时性好。其相干斑抑制性能和所取窗口的大小相关，所取窗口越大，相干斑抑制越好，但随着窗口的增大，会对图像的边缘等造成模糊，损失图像的细节信息。随着小波分析的兴起以及多尺度几何分析的发展，许多学者提出了变换域的图像去噪方法，并被应用于 SAR 图像相干斑抑制。变换域滤波直接将图像分解为不同尺度的成分，基于图像中有用信号和相干斑噪声表现出的不同系数特性，对变换系数进行处理和重建，因此能在抑制相干斑噪声的同时，使图像的边缘信息得到较好保持。

（三）相干斑抑制评价标准

相干斑抑制是对 SAR 图像进行分析和处理时不可缺少的预处理步骤，因此对相干斑抑制效果的评价十分重要，一个好的抑斑算法能在抑制相干斑噪声的同时具有较好的细节保持能力。目前人们主要通过主观（定性）和客观（定量）评价来判断相干斑抑制与信息保持的效果。主观评价主要采用人工判读方法，比较去噪图像与原始图像在同质区域平滑程度、异质区域细节信息以及图像中目标和结构等方面的差别。由于主观评价缺乏统一标准，具有较大的局限性，客观评价成为对去噪效果进行评价的重要手段。由于无法得到无噪 SAR 图像，传统客观评价指标如最小均方误差和峰值信噪比等不再适用，主要采用等效视数、同质区域的图像均值和方差、边缘保持指数等评价指标。

1. 等效视数

多视处理时，由于进行多视平均的强度图像存在相关，因此实际视数常常不是整数，这个实际视数被称为等效视数（ENL），其意义表示由等效为多少个互相独立的视进行平均而得到的多视图像。一般来说，等效视数都要小于用来进行平均的标称视数。等效视数是描述 SAR 图像统计特征的重要参数，可对 SAR 图像中相干斑水平进行度量，等效视数越大，相干斑越小，因此也常被用来衡量算法对相干斑的抑制程度，其意义表示去噪后 SAR 图像相干斑抑制效果相当于 ENL 个视进行多视处理的效果。

2. 同质区域的图像均值比和方差比

同质区域图像均值反映了图像某一块同质区域的平均灰度，即图像某一区域所包含的平均后向散射系数。同质区域均值的保持是为了保持原始图像的灰度强度，以防止过度平滑，造成同质区域纹理信息的丢失。可以用去噪图像与原始图像均值的比值来表示去噪算法对图像均值的保持能力。

同质区域图像方差反映的是图像同质区域的不均匀性，即图像同质区域中所有点偏离均值的程度。同质区域图像方差减小越多，滤波器的去噪能力就越强，因此可以用去噪图像与原始图像方差的比值来衡量滤波器去噪能力。

通常情况下，一个好的抑斑算法要能够在保持同质区域均值的同时减小方差，即能够在保留原图像信息的情况下保留原图像中的细节信息。

3. 边缘保持指数

边缘保持指数（EPI）用于衡量抑斑方法对 SAR 图像边缘的保持能力，通过抑斑前后 SAR 图像中边缘两侧灰度对比度的变化来确定。

三、遥感图像的融合增强

（一）基于 HSI 变换的图像融合增强

基于 HSI 变换的图像融合增强的处理目的是，将一组低分辨率三波段遥感图像与一幅高分辨率单波段遥感图像进行融合，形成一组既具有高空间分辨率，又具有多波段光谱特性的融合图像。不同于其他图像融合方法（如基于 PCA 变换的融合方法），该方法主要针对三波段的遥感图像进行融合处理，需要受波段限制，需要根据具体需要进行 RGB 波段组合。

具体而言，亮度与物体反射率成正比，表示颜色的明亮程度。色调与光谱中光的波长相联系，表示观察者接收的主要颜色。饱和度与一定色调的光的纯度有关，饱和度越大，颜色看起来就会越鲜艳。色调与饱和度合起来称为色度，因此颜色可用亮度和色度共同表示。

HSI 模型的建立基于两个重要事实：① I 分量与图像的彩色信息无关；② H 分量和 S 分量与人感受颜色的方式是紧密相连的。这些特点使得 HSI 模型非常适合彩色特性分析。

HSI 模型可用图 5-8 所示的六棱锥表示。

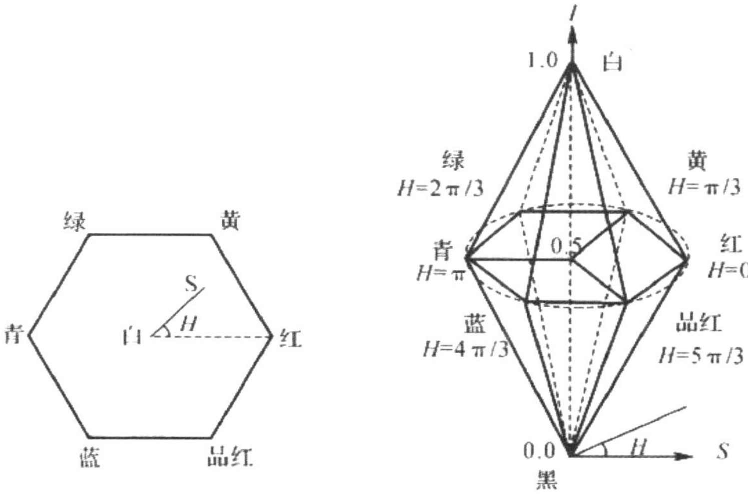

图 5–8　HSI 模型

如果色点在 I 轴上，则其 S 值为零而 H 没有定义，这些点也称为奇异点，奇异点的存在是 HSI 模型的一个缺点，而且在奇异点附近，R、G、B 值的微小变化会引起 H、S、I 的明显变化。

HSI 颜色空间和 RGB 颜色空间只是同一物理量的不同表示，因此它们之间存在转换关系。RGB 到 HSI 的转换是由一个基于笛卡儿直角坐标系的单位立方体向基于圆柱极坐标系的双锥体的转换。有多种转换方法，其中几何推导法最为经典，这种方法首先根据 I 分量和 S 分量的物理意义定义转换公式，然后将 I 分量分离出来，将三维椎体空间降为二维空间，利用向量点积公式计算出 H 分量。

（二）基于 PCA 的图像融合增强

基于 PCA 的图像融合增强基于以下原理：PCA 变换后的第一主成分分量包含多个波段的主要信息，与全色波段的数据信息相似。处理过程如图 5–9 所示，具体步骤如下。

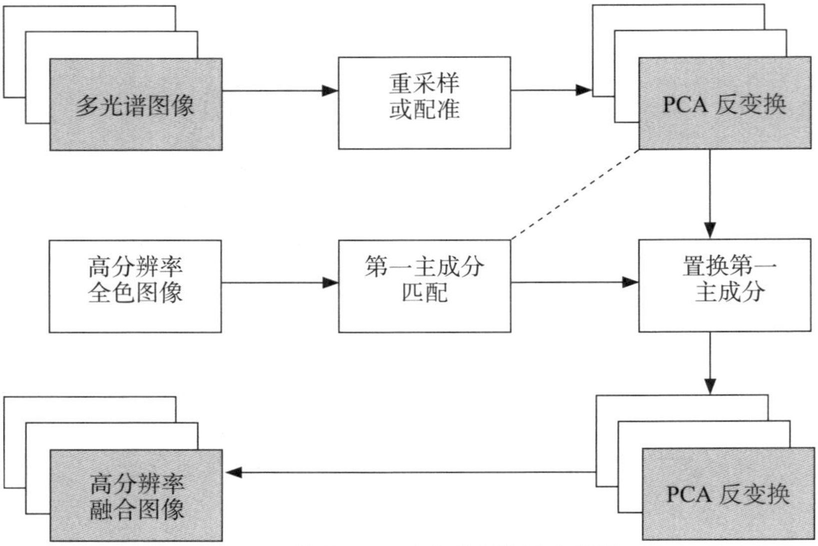

图 5-9 基于 PCA 变换的图像融合增强

对多波段低分辨率图像进行重采样或相对于单波段高分辨率图像进行图像配准，使其具有和单波段高分辨率图像一致的分辨率，并且坐标对应。

对多波段低分辨率图像进行 PCA 变换。

将单波段高分辨率图像进行对比度拉伸，使其灰度均值及方差和多波段低分辨率图像 PCA 变换结果中的第一主成分分量一致。

将拉伸后的单波段高分辨率图像作为第一主成分分量。

进行 PCA 反变换，得到融合增强后的多光谱图像。

基于 PCA 的图像融合增强方法不受波段数目的限制，可以将多光谱图像的全部波段影像参与处理，由于 PCA 变换中没有丢弃主成分，原始图像的光谱信息能得到有效保持。

（三）图像融合质量评价

理想的图像融合算法应具有以下效果：既能使融合图像的空间分辨率得到提高，即空间细节信息的表现能力增强，又能使原始多光谱图像的光谱特征得到保持，即目标地物的光谱可分性不变。

如何评价图像融合质量是一个重要的问题。目前主要采用两类方法对图像融合效果进行评价，即主观评价和客观评价。主观评价主要是依靠人眼对融合图像的效果进行主观判断，具有直观快捷、简单方便的特点，可以对一些明显的图像信息进行质量评价，对一些暂无较好客观评价指标的现象可以进行定性的说明，如融合图像是否出现重影，色彩是否一致，整体亮度和色差是否合适，图像是否产生蒙雾或者马赛克现象，图像的清晰度是否降低，图像边缘是否清晰，图像纹理信息以及色彩信息是否丰富，光谱信息与空间信息是否丢失，等等。主观评价是对融合效果最直接的评价，但主观评价与视觉心理有很大的关系，评价结果因人而异，而且工作量巨大。

客观评价是一种定量评价方法，主要通过定义评价指标参量，对融合图像自身质量进行量化评价，或对融合图像和理想参考图像进行量化比较，从而实现对融合质量的评价。由于遥感图像融合的主要目的是在保持光谱质量的同时改善空间质量，因此评价指标均是针对光谱质量或空间质量作出的。

1. 融合图像自身质量的量化评价

（1）均值和方差

图像均值指图像像素的平均灰度值，对人眼反映为平均亮度。方差反映了图像灰度相对于平均灰度值的离散情况。图像的方差越大，表明图像的灰度级分布越分散，图像的对比度也就越大，图像信息相应地也越大。所以可以通过比较融合图像的均值和方差来评价融合图像的效果。此外，图像标准差和方差具有同样的物理意义，也可作为评价指标。

（2）信息熵

图像的信息熵是衡量图像信息丰富程度的一个重要指标，通过对图像信息熵的比较可以对比出图像之间的细节表现能力。信息熵越大，表示融合图像所含的信息越丰富，融合质量越好。

（3）平均梯度

图像的平均梯度是对图像清晰度的测量，可敏感地反映图像对微小细节反差表达的能力。一般说来，平均梯度越大，图像层次越多，表示图像越清晰，融合效果越好。

一般说来，融合图像的上述指标应比原始图像的相应值有显著的提高，这表明融合图像的信息量要比单源图像的信息量增加，清晰度改善。

2. 融合图像与参考图像之间的量化比较

采用量化比较的方法进行融合质量评价时，应从实际应用的角度出发。当需要考察融合图像的光谱质量保持能力时，一般以原始多波段低分辨率图像为参考图像；当需要考察融合图像的空间质量提升能力时，一般以原始全色高分辨率图像为参考图像。

当以原始多波段低分辨率图像为参考图像时，由于融合图像与参考图像的空间分辨率不一致，可以采取以下处理方法：①将原始低空间分辨率图像和高空间分辨率图像都重采样到低一级的分辨率，进行图像融合，将原始低分辨率多波段图像作为标准，对融合图像进行质量评价。②将融合图像抽样到原始低分辨率后，将原始低分辨率多波段图像作为标准，对融合图像进行质量评价。

第六章　城市遥感与监测技术

第一节　城市遥感内容

一、城市遥感理论模型

针对城市特定场景和观测对象，需要开展面向城市需求的观测模型和信息表达模型的研究，这是城市遥感领域需要解决的核心问题之一。同时，还需要开展针对城市独特要素的遥感机理研究。

城市遥感观测具有高度复杂性，通常需要综合考虑遥感影像的时间、空间、光谱特征，以全面满足在精度、时效性、解译能力等方面的需求。理论上，城市遥感观测需要具有高时间分辨率、高空间分辨率和高光谱分辨率的数据。城市遥感时空光谱观测模型通过综合考虑空间、光谱、时间三个维度的特征，获取有效的城市区域遥感数据。模型的输入即为时间特征、空间特征和光谱特征。模型的输出是指融合不同分辨率、不同平台、不同类型的多源数据，获得具有更高空间、时间和光谱分辨率的高质量图像。

与此同时，城市遥感要素机理也需要继续开展研究，如城市热岛和冷岛的形成机理等。遥感影像是地面物体反射或发射电磁波特征的记录，是地面景物真实、瞬间的写照。由于成像时采用的传感器不同、工作的电磁波波段不同、遥感平台不同、应用目的不同，形成的遥感影像多种多样，它们在城市遥感中的应用范围也各不相同。

城市中的地物大多属于人工目标，如建筑物、道路、水体和绿地等，研究这些地物特有的波谱特征和影像特征是城市遥感技术的基础工作之一。通常情况下，由于卫星过境时间和天气情况会影响成像质量，卫星过境时在城市区域形成大面积的阴影区域，严重影响其应用。为突破这一局限性，航空多角度遥感技术从多个角度同时获得同一场景的纹理和几何信息。

二、城市遥感技术和方法

城市遥感以城市自然环境与人类活动为研究对象，信息提取的精度和自动化程度成为制约当前城市遥感信息智能提取的瓶颈,其主要挑战在于以下几个方面。

观测对象方面,城市遥感以城市尺度为观测对象。在时间维度上,城市发展变化快，观测要素复杂而时变；在空间维度上，需要同时开展水平、垂直立体化观测，不仅地物类型丰富、要素紧凑，还需要考虑不同高度的城市目标的观测需求。

观测手段方面，因为城市地物更加碎片化，客观上需要更高的空间观测分辨率，但空间分辨率越高，引入的噪声越严重，微观地物和社会经济活动的引入造成信息提取更加困难。

观测目的方面，城市遥感既要观测城市的自然土地覆盖和土地利用现象，又要观测城市社会经济活动的变化，迫切需要发展从对地观测到对地和对人类活动观测的理论模型和实现方法。

以上科学问题的突破，将有助于实现智能提取城市遥感大数据中有效信息的目标，提升遥感观测数据服务于城市可持续发展的能力。

城市土地利用变化快，地表覆盖类型复杂；同时相对于非城市区域，城市各类遮挡严重、土地利用多样化，导致描述困难、信息自动提取难度大，面临的技术难题很多，因而自动化信息提取精度不高。

三、城市遥感应用

城市遥感的应用很多，基本覆盖城市所有的行业。城市遥感技术应用主要面向城市自然资源、水体、园林、环境保护、地质等行业，典型的城市遥感应用包括如下内容。

城市典型要素信息提取：城市的典型地物主要包括道路、绿地、建筑物和湖泊等。城市的扩张伴随着日益突出的城市环境问题，使用遥感的方法提取城市地物信息，可以及时掌握城市土地地物信息，保持地理空间信息的现势性，有效地监测城市生态环境。

城市遥感影像检索：城市是人类活动最频繁的复杂场景，通过遥感影像检索技术从海量的遥感数据中快速且准确地找出目标区域符合需求的遥感影像，搜索和定位感兴趣的内容和服务。

城市三维重建：数字城市三维模型建设是城市信息化的重要部分。三维建模成果能较好地从多角度体现城市的立体景观，较直观且真实地还原城市风貌，服务于城市规划和民众生活。

城市变化检测：遥感影像变化检测技术可以监测城市发展和生态环境变化、协助城市管理，对于研究人类与自然环境交互关系、了解城市发展状况、辅助城市管理决策具有重要意义。

城市自然资源遥感监测：遥感技术的优势包括观测范围广、更新速度快、数据综合性强等，能够利用遥感影像对比分析、自动提取图斑技术、规划管理规则等数字技术实现城市总体规划的监管、城市重大项目的监管以及建设用地的监测。

城市不透水面信息遥感提取和监测：城市不透水面包括建筑、道路、停车场等典型地物，是衡量城市化水平和环境质量的关键指标，广泛应用于城市土地利用分类、城市人口密度评估、城市规划、城市环境评估、热岛效应分析以及水文过程模拟等研究。

城市热岛遥感监测：城市化引起的城市热岛效应对城市气候的影响重大，通过遥感手段获取的数据具有时间同步性好、覆盖范围广等优点，随着当前高分辨率卫星热红外遥感技术的发展完善，遥感观测方法在城市热岛的观测研究中发挥着重要作用。

城市地上生物量遥感反演：遥感技术可以快速准确地获取城市绿地的分布和绿化覆盖度信息，了解城市绿地景观的组成、种类和布局。开展城市地上生物量遥感反演，有利于合理利用城市土地资源，保证生态系统的完整性。

城市地质灾害监测：滑坡、泥石流、岩崩、路面塌陷和地面沉降等地质灾害威胁城市的可持续发展。遥感技术可以开展孕灾条件及诱发因素调查、灾害解译和编目等工作，服务于地质灾害隐患早期识别、长期监测和灾后评估全生命周期，支持地质灾害易发性、危险性和风险评估，为救灾、减灾决策提供重要的依据。

影像城市三维实景管理：随着遥感技术不断发展，正射影像和可量测实景影像已成为基础地理信息数字产品，基于电子地图的城市市政精细化管理向基于遥感影像的城市网格化管理与服务方向发展。城市实景管理遥感技术与实践将实景影像应用到数字城市管理中，推动相关部门和人员科学、高效地参与城市管理和决策。

城市空气质量遥感监测：城市中的车辆、船舶、飞机的尾气，工业企业生产排放，居民生活和取暖，垃圾焚烧等，以及城市的发展密度、地形地貌和气象等都是影响空气质量的重要因素，利用遥感技术监测城市空气质量有利于改善城市空气质量，促进城市的可持续发展。

城市水资源遥感监测：城市水资源遥感监测主要包括城市湖泊变迁监测、城市水质监测等。遥感技术可以快速、准确、大范围、实时地监测水资源总量和城市废水污染情况，识别污染源、污染范围、面积和浓度。①

第二节　城市遥感信息提取

作为人类的主要栖息地，城市承载着绝大部分的经济活动，其典型地物主要包括道路、绿地、建筑物和湖泊等。随着城市的不断扩张，日益突出的城市环境问题影响着城市的可持续发展，为了及时掌握城市土地地物信息，保持地理空间信息的现势性，有效地监测城市生态环境，使用遥感的方法深入了解、提取城市地物信息，具有重要的现实意义。

一、城市遥感信息提取需求

近年来，世界各国越来越重视卫星遥感技术，越来越多的国家开始建立自主可控的对地观测系统。与此同时，商业卫星市场不断发展壮大，遥感卫星的观测形式越来越多元化，观测对象越来越丰富。

目前与城市遥感信息提取相关的专项计划开展了很多项，已经制作并发布了多套全球土地利用 / 覆盖数据产品。我国启动了全球测图工程，并且每年都在开展全国土地调查或变更调查、地理市情普查和监测、城市不透水面普查和海绵城市遥感监测等项目。

（一）全球地表覆盖数据

地表覆盖及其变化是环境变化研究、地理国情监测、可持续发展规划等研究中不可或缺的基础信息和关键参量，已经成为国家基础性和战略性资源，发挥着不可或缺的作用。全球对地观测已具备大气、海洋和陆地高精度、高时空分辨率的数据获取能力，基于重大应用需求，目前多国已经开放共享了多套不同分辨率

① 陈明辉，黎夏．遥感技术在城市发展与规划中的综合应用研究与实践 [M]. 武汉：武汉大学出版社，2017.

的全球地表覆盖数据产品，推动了全球尺度的科学和环境监测产品的研究与发展。

（二）全国土地调查

全国土地调查作为一项重大的国情国力调查，目的是全面查清全国土地利用状况，掌握真实的土地基础数据，并实行调查成果信息化、网络化管理，建立和完善土地调查、统计制度和登记制度，实现土地资源信息的社会化服务，满足经济社会发展、土地宏观调控及国土资源管理的需要，对于贯彻落实科学发展观，构建社会主义和谐社会，促进经济社会可持续发展和加强国土资源管理具有十分重要的意义。

全国土地调查是一项关系到国计民生的重大地理普查项目。近年来，先进的地理信息技术被不断应用于全国土地调查中，遥感技术成为其中最重要的手段之一。遥感影像能够全面、真实地记录地表事物的时空分布特征和分布规律，并为地物资源的空间定位、趋势研究、动态监测提供全面的、直接的信息。从遥感影像的大规模获取，到遥感应用的不断拓展，遥感技术的参与使快速实现信息采集、进行大规模的数据分析研究成为可能，大大加快了调查工作的整体进程。

（三）“山、水、林、田、湖、草”地理市情普查和监测

长期以来，受持续增长的人口压力、高强度的国土开发建设活动、自然资源大范围开发利用等因素影响，我国部分地区生态系统退化严重。针对这些生态退化区域，国家相继组织开展了一系列生态保护与建设工程，在提高林草植被、森林覆盖率等方面取得了积极成效，强化从生态文明建设的宏观视野提出“山、水、林、田、湖、草是一个生命共同体”的理念，实施普查和监测。

坚持山、水、林、田、湖、草系统治理理念，需要全面、系统地掌握森林、草原、湿地、沙化土地等各类林草资源的综合状况。依托光学、高光谱、雷达等在轨陆地卫星协同组网观测，我国遥感调查监测能力大幅度提升。从建设用地拓展为山、水、林、田、湖、草全要素，由数量转变为“数量、质量、生态”三位一体，卫星遥感服务于自然资源调查监测、确权登记、所有者权益、开发利用、国土空间规划、用途管制、生态修复和督察执法等自然资源主责主业，同时支撑着国家重大专项工程建设。

二、城市道路遥感提取方法

利用遥感影像提取人工目标是构建及更新地理空间数据库的重要手段。道路是城市典型的人工线状目标，道路提取对于GIS数据库更新、影像匹配、目标检测、数字测图自动化等具有重要意义，广泛应用于交通管理、土地利用分析等领域。城市道路的遥感提取，相对于乡村道路，主要有以下难点。

在高分辨率遥感影像上，城市道路呈面状分布，其边缘与中心线都具有明显的线状几何特征，地物细节更加丰富，影像信息也更加复杂。

光谱特征方面，高分辨率遥感影像中存在大量同物异谱和同谱异物的现象，城市道路紧邻建筑物，光谱特征和纹理特征都十分相似。

城市道路材质多样，既包含不透水的水泥、沥青等，也包括透水砾石等，道路内部光谱差异增大，同物异谱现象严重。

几何特征方面，道路周围存在大量粘连现象，如电线杆、建筑物、行道树、立交桥、高大地物的阴影、路面上的汽车、路中央的隔离带、交通管理线等，都会对道路产生遮挡。

城市空间布局紧凑，常与建筑物、停车场等居民地或人工设施相连接，功能划分不够清晰。

根据自动化程度不同，道路提取方法可分为人工跟踪方法、半自动提取方法和自动提取方法。人工跟踪方法是最为原始的方法，也是生产单位长期以来都在使用的实用方法，现在的数字摄影测量工作站都能提供这样的功能，这里不再介绍。自动提取方法是地物提取的最终目标，目前已有很多尝试，也取得了实验性的初步成果，但是仍然没有出现一个实际生产可用的实用系统（无须人工干预的全自动提取系统）。鉴于实际应用的考虑，由人工干预或人工引导的半自动提取将人的模式识别能力和计算机的快速、精确的计算能力有机地结合起来，在目前的条件下能达到提高效率和减轻劳动强度的目的。

（一）城市道路自动提取方法

城市道路的自动提取方法一般可总结为以下四个主要步骤。

增强道路特征，如图像滤波和小波变换等。

确定道路“种子点”，确定可能的道路点。人们提出了各种道路点检测算子，有基于像素分类、边缘检测和模板匹配等方法。

将“种子点”扩展成段。有基于规则的边缘点自动连接、动态规划、卡尔曼滤波等方法。

确认道路段，自动连接形成道路网。这一步骤涉及自动编组算法，顾及上下文知识的连接假设生成和假设 – 验证、地物的语义关系表达、多源数据的融合等高水平的自动影像解译方法。对弯曲道路，可以采用种子点引导方法，并结合一定的样条函数可实现道路段分段提取。

（二）城市道路半自动提取方法

摄影测量与遥感学界对从遥感影像上半自动提取线状地物进行了深入的研究，提出的方法包括基于经典边缘检测算法的提取方法、基于优化算子的提取方法和面向对象分割的提取方法等。

1. 边缘检测算法

边缘检测是影像分割的重要方法，是从遥感影像中提取地物形状特征最为简单易行的有效方式。边缘是指其周围像素灰度急剧变化的那些像素的集合，它是影像最基本的特征。遥感影像上目标的边缘在影像上表现为灰度的不连续性，存在于目标、背景和区域之间。

2. 基于优化算子的提取方法

半自动的提取大多基于对道路地物线状特征的灰度特征和几何约束的整体优化计算，包括动态规划、可变模型或 Snakes 方法、LSB–Snakes 方法等。它们的区别在于优化计算的手段有所不同。例如，通过给出特征点的初始值，可以利用最小二乘平差模型估计模板与影像之间的几何变形参数，方便地加入各种约束条件，获得较高的精度。

3. 面向对象分类的提取方法

面向对象的影像分类技术是随着影像分辨率的提高而发展起来的影像分类技术，是对传统单一利用影像光谱信息方法的拓展，并逐渐应用到高分辨率影像处理中。它促进了多源 GIS 数据之间的融合，有利于改善传统方法对于空间信息利用率不足的问题,并在一定程度上克服了基于像素分类导致分类结果出现“椒盐”的现象，有效提升了分类精度，便于识别地物目标的属性类别，适用于空间信息丰富的高分辨率影像。

面向对象的分类基本流程包括影像分割、特征选择、影像分类三个部分。在影像分割阶段，目前常用的方法是多尺度分割：针对高分辨率的遥感影像数据，按照其灰度、颜色、结构的不同，根据影像具体的情况指定分割尺度和同质性指标，在满足精度的条件下选择以最大的分割尺度来获得影像对象，生成多个高度同质的多边形。分割结束后需要根据目标地物选择分类特征，每一个同质对象都可以计算出其内部像元的各类特征信息，如亮度、波段均值、紧致度、长宽比、同质性、距离等。分类规则的建立需要根据影像中地物的特征进行选择，如城市道路总体呈长直形状，可以利用密度（Density）和长宽比（Length/Width）等特征进行提取。最后将各类光谱和空间特征进行优化组合，通过最近邻法、模糊分类等分类模型，计算每一个同质对象满足某类别地物规则的程度，以达到识别、分类地物的目的。

（三）基于深度学习模型的道路提取方法

近年来，深度学习技术取得了较大的突破，其本质上是一种多层神经网络。海量的训练数据、不断发展的计算机水平和网络训练方式，使得深度学习技术成为机器学习领域的一种重要的算法。基于面向对象的分类思想，我们可以将深度学习模型应用到道路信息提取上，运用卷积神经网络实现遥感影像从输入端到输出端的映射。

卷积神经网络（CNN）是近年来模式识别领域的一种高效分类方法，是真正意义上第一个成功的训练多层网络结构的学习算法，它将人工神经网络技术和深度学习方法相结合，具有稀疏连接、权值共享的特点，使用一种基于梯度的改进反向传播算法来训练网络中的权重，在应用中避免了输入数据复杂的前期与处理过程，可以直接输入原始图像或者其他数据，因而得到了广泛的应用。

例如，基于高分二号遥感影像数据，研究人员选择典型道路分布区为研究区，使用深度卷积神经网络对高分辨率遥感影像道路信息进行提取，实现端到端的遥感影像像素级别道路提取。与最近邻法（KNN）、贝叶斯法（Bayes）和随机森林（RF）等浅层网络模型在道路信息提取方面的应用效果进行对比分析，结果表明深度学习网络在高分辨率遥感影像道路提取中的提取精度更高，具有可行性和一定的优势。

三、城市绿地遥感提取方法

城市绿地作为城市结构中的自然生产力主体，在城市地表能量平衡和生态效益上发挥着重要作用。城市绿地信息是城市规划与管理的基础信息，与森林、草原、农作物等植被不同的是，城市植被具有分布零碎、类型多样以及地物空间异质性强等特点，原生植被较少而人工植被增多，承担了净化空气、美化景观、改善微气候等功能。因此，快速提取绿地信息迫切需要大比例尺的高分辨率遥感影像数据。基于卫星遥感影像技术,国内外学者做了大量的城市绿地信息提取研究。根据提取原理的不同，我们可以将方法分为以下两类。

基于植被指数的城市绿地信息提取方法。健康绿色植被在绿光和近红外波段有较强反射作用，而在蓝光和红光波段有吸收作用。植被指数就是利用绿色植被在不同波段的反射和吸收特性，对传感器不同波段进行组合运算，增强植被的信息。它本质上是综合考虑各有关光谱信号，把多波段反射率做一定的数学变换，使其在增强植被信息的同时，使非植被信息最小化。

利用面向对象的方法提取城市绿地信息。面向对象的遥感分类方法，通常使用多尺度分割技术对数据进行分割，以分割得到的同质对象为基本单元，不仅利用了二维化的图像信息阵列，而且通过地物的光谱特征和几何特征等高级特征，反映影像场景中地物的组合方式和空间结构，充分利用高分辨率影像的信息，提高了分类精度。

四、城市建筑物遥感提取方法

建筑物是地物类型的重要组成部分之一，由于高空间分辨率遥感影像中地物信息量丰富、噪声信息明显等特点，增加了“同谱异物”“同物异谱”现象，使得高精度建筑物提取变得困难。在遥感影像中自动提取建筑物，主要途径是根据遥感影像中不同地物类型的形状特征、光谱特征及空间语义特征等信息处理遥感图像。①

相对于乡村建筑物，城市建筑物的遥感提取主要有以下难点。

光谱特征方面，高分辨率遥感影像中存在大量同物异谱和同谱异物的现象，城市建筑物与城市道路在光谱特征和纹理特征方面都十分相似。

遥感影像中一般建筑物屋顶的亮度值较均匀，但是由于屋顶材质的多样性，以及建筑物屋顶上太阳能电热板和天窗的存在，导致屋顶呈现不同的光谱特征。

形状特征方面，城市建筑物分布集中，形状和大小复杂多变，但在同一小区

① 邵振峰.城市遥感原理方法和应用 [M]. 武汉：武汉大学出版社，2021.

或者村落中建筑物大都有相同的走向和分布规则。

城市空间布局紧凑，低层建筑物容易被城市绿化和高层建筑物遮挡，导致在遥感影像上难以辨认。

近年来，为了更精确、更快、更及时地识别和提取建筑物，国内外研究者致力于研究新算法，已经取得了很多研究成果，包括多尺度分割提取方法、基于边缘和角点检测与匹配的提取方法、基于区域分割的提取方法、基于数学工具、新理论以及辅助知识的提取方法等。

由于建筑物本身结构和周围环境的复杂性，为了提高建筑物的提取精度，很多学者提出了通过引入新的数学工具和理论，挖掘图像中的阴影、纹理、几何结构特征，结合语义网、上下文等相关信息辅助提取建筑的方法。

基于 Massachusetts 建筑物公开数据集所提供的影像数据，使用改进的 FCN 网络结构，实现了光学影像建筑物的自动提取，通过卷积操作提取输入影像的特征，并在每个卷积层后使用 ReLU 激活函数进一步提取输入图像的更深层次特征，最后通过 Softmax 分类器实现对输入图像的像素级建筑物提取，提取过程见图 6–1。图 6–2 则显示了利用深度学习方法进行城市建筑物提取的结果。

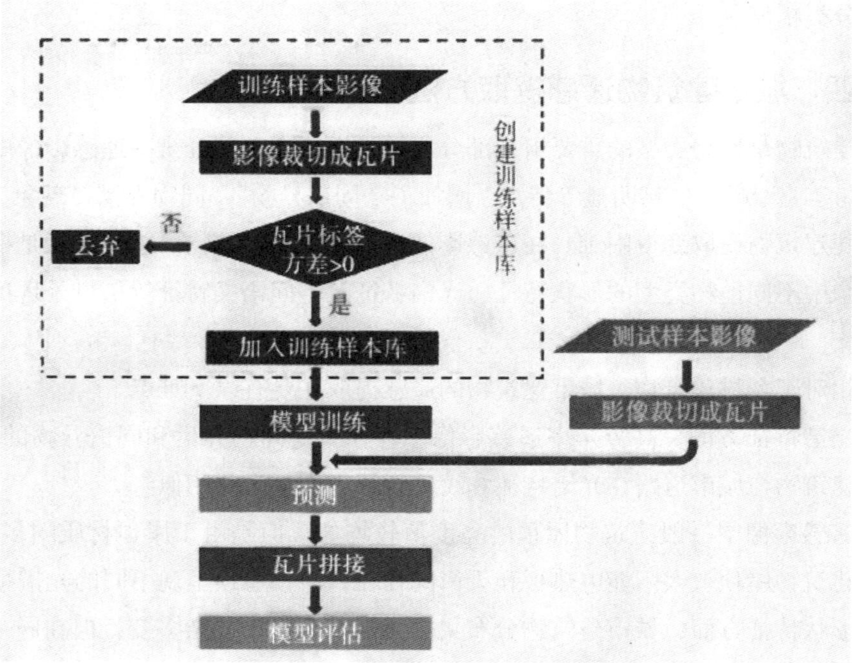

图 6–1　深度学习提取建筑物技术流程图

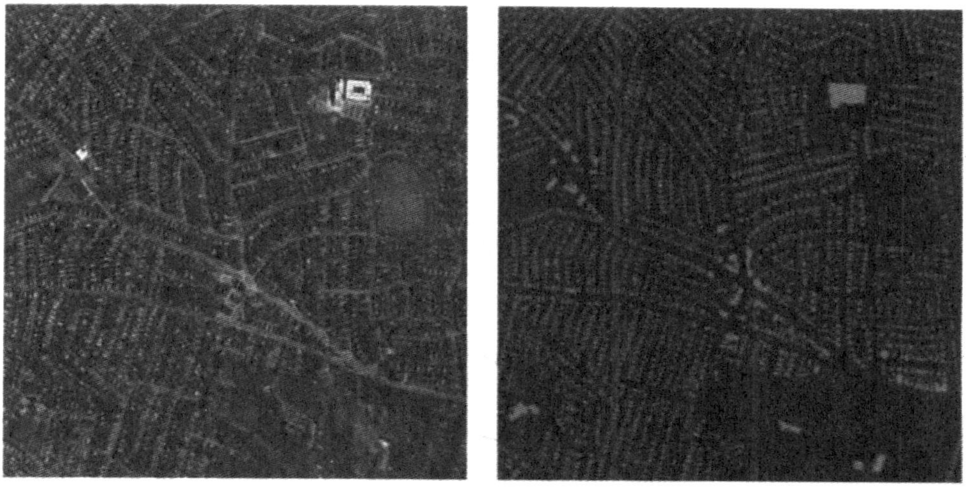

图 6–2　利用深度学习方法进行城市建筑物提取

五、城市湖泊遥感提取方法

水体是人类开发利用程度最高的资源之一，约 70% 的地球表面被水体覆盖。随着经济不断发展，人类对生存环境的需求日益增加，人们愈加关注水资源的监测、管理与分析问题。城市湖泊作为城市生态系统中重要的因素，是城市中典型的水体类型，受城市景观设计的影响，城市湖泊周围广泛种植树木，并覆盖相关的市政园林设施，对城市的发展、居民的生活环境质量和生态系统的稳定性起着重要作用。近年来，遥感技术已广泛应用于水资源研究的时空信息获取，为水生态系统的管理和可持续发展提供了重要信息。

从理论上讲，传感器所接收的水体辐射，包括水面反射光、悬浮物反射光、水底反射光和天空散射光。水体的光谱特性，主要是透射入水的光与水中叶绿素、悬浮物质、水深、水体热特征相互作用的结果，从而形成传感器上接收的反射光谱特征的差异，为遥感探测水体提供了基础。一般而言，0.41 μm 处黄色物质有明显的吸收峰，因此 0.43 ~ 0.65μm 为测量水体叶绿素的最佳波段；0.58 ~ 0.68μm 对不同泥沙浓度出现峰值，所以近红外波段常被用来研究水中悬浮物质浓度变化；超过 0.75μm，水体几乎成为全吸收体，表现在近红外的遥感影像上，清澈的水体呈黑色。

在湖泊水体信息提取技术方面，最常使用的是水体指数法，基于水体光谱特征曲线，选择合适的波段构建模型，进行水体的分类与提取。1996 年，McFeeters

等最先提出了利用绿光和近红外波段进行计算的 NDWI 指数来提取水体信息，该指数能较好地区分陆地植被和水体；徐涵秋等使用改进的 NDWI 指数（MNDWI）提取水体信息，该指数能够较好地识别城镇区域，比较适合用于城市水网的水体提取。随着研究与应用的不断深入，学者们针对区域水系特点，提出了多种具有针对性的水体提取模型。经过实验对比，对于悬浮物较多的地区，NDWI 可能会存在一定的误差，而 MNDWI 更适合于提取富营养化湖泊的水体边界。

第三节　城市遥感监测技术

一、城市空气质量遥感监测技术

不断发展的社会经济和规模不断扩大的人类生产生活，使得城市环境问题日渐严峻，城市空气质量问题更是其中的一个重点问题。城市空气质量对居民的健康具有重要影响，空气质量恶化会提高呼吸道疾病、肺癌和其他严重慢性疾病的发病率。目前全球城市大气污染防治工作形势依然十分严峻。

（一）城市空气质量的遥感监测需求

城市空气质量的好坏反映了空气污染程度，它是依据空气中污染物浓度的高低来判断的。空气污染是一个复杂的现象，在特定时间和地点，空气污染物浓度受到许多因素影响。来自固定和流动污染源的人为污染物排放是影响空气质量的最主要因素之一，其中包括车辆、船舶、飞机的尾气，工业企业生产排放，居民生活和取暖，垃圾焚烧等。此外，城市的发展密度、地形地貌和气候等也是影响空气质量的重要因素。

城市空气污染的污染物包括烟尘、总悬浮颗粒物、可吸入颗粒物（PM_{10}）、细颗粒物（$PM_{2.5}$）、二氧化氮、二氧化硫、一氧化碳、臭氧、挥发性有机化合物等。其中，$PM_{2.5}$ 是指大气中空气动力学直径不大于 2.5μm 的颗粒物，是空气污染的一个主要来源，它既是一种污染物，又是重金属、多环芳烃等有毒物质的载体。与其他污染物相比，$PM_{2.5}$ 能够直接进入肺泡，因此又称入肺颗粒物。有研究表明，$PM_{2.5}$ 与心血管发病率和死亡率存在一定关系。日常雾霾天气大多数由 $PM_{2.5}$ 导致，由于质量小，携带有毒物质时间长，它在空气中的聚集和停留对于环境和人类健康影响很大。

空气污染源也可分为自然的和人为的两大类。自然污染源由于自然原因(如火山爆发、森林火灾等)而形成，人为污染源由于人们从事生产和生活活动而形成。

城市空气质量监测标准主要是指空气质量指数(AQI)，其分级计算参考的标准是现行《环境空气质量标准》(GB 3095—2012)，纳入评级标准的基本污染物为SO_2、NO_2、PM_{10}、$PM_{2.5}$、O_3、CO六项。具体说明如下。

空气污染指数为0～50，空气质量级别为一级，空气质量状况属于优。此时，空气质量令人满意，基本无空气污染，各类人群可正常活动。

空气污染指数为51～100，空气质量级别为二级，空气质量状况属于良。此时空气质量可接受，但某些污染物可能对极少数异常敏感人群健康有较弱影响，建议极少数异常敏感人群应减少户外活动。

空气污染指数为101～150，空气质量级别为三级，空气质量状况属于轻度污染。此时，易感人群症状有轻度加剧，健康人群出现刺激症状。建议儿童、老年人及心脏病、呼吸系统疾病患者减少长时间、高强度的户外锻炼。

空气污染指数为151～200，空气质量级别为四级，空气质量状况属于中度污染。此时，进一步加剧易感人群症状，可能对健康人群心脏、呼吸系统有影响，建议疾病患者避免长时间、高强度的户外锻炼，一般人群适量减少户外运动。

空气污染指数为201～300，空气质量级别为五级，空气质量状况属于重度污染。此时，心脏病和肺病患者症状显著加剧，运动耐受力降低，健康人群普遍出现症状，建议儿童、老年人和心脏病、肺病患者停留在室内，停止户外运动，一般人群减少户外运动。

空气污染指数大于300，空气质量级别为六级，空气质量状况属于严重污染。此时，健康人群运动耐受力降低，有明显强烈症状，提前出现某些疾病，建议儿童、老年人和病人应当留在室内，避免体力消耗，一般人群应避免户外活动。

(二)城市大气气溶胶遥感监测

大气气溶胶是指悬浮在大气中固态、液态微粒与气态载体共同组成的多相体系，粒子具有一定的稳定性且沉降速度较小，其空气动力学直径范围为10^{-3}～10^{2} μm。在一般的大气研究中，气溶胶常代指大气颗粒物，其中$PM_{2.5}$和PM_{10}均为大气气溶胶的一部分。气溶胶来源广且较为复杂，主要来源于自然因素和人为因素两个方面。自然因素主要包括火山喷发、沙尘暴，土壤和岩石等的风化，森林和草原火灾，海洋上的浪花碎末进入大气，活的陆地生物和海洋植物等方面；人为因素主要包括工业生产，交通运输，石油和煤炭燃烧，土地利用和土地覆盖变化，森林砍伐和沙漠化等。气溶胶主要集中分布在对流层，是低层大气的重要组成部分，同时平流层也有少量气溶胶，气溶胶随时间、空间及天气条件的变化而不断变化。

大气气溶胶对全球生态环境和气候变化具有重要的影响和意义。气溶胶是地球－大气系统的重要组成部分，能够散射和吸收太阳辐射能量，导致直接的辐射强迫，使得到达地表的辐射能量与返回到传感器的辐射能量产生差异，这种现象称为直接辐射胁迫。大气气溶胶通过吸收太阳辐射能量，削弱了到达地面的总辐射，导致空气温度升高；同时还能吸收地面的辐射能量，降低空气温度。气溶胶的散射和吸收太阳辐射能量，能够导致明显的升温或降温效应，对当地的生态环境和气候变化造成明显的影响。同时，大气中的气溶胶粒子能够通过改变云层的微物理特性，间接影响云辐射特性。空气气溶胶浓度增加，能够产生数量较多、体积较小的云滴，从而提高大气中云层反照率，影响辐射传输平衡，引起间接辐射胁迫。气溶胶还能够增加液态水含量和云的生命周期，气溶胶粒子作为大气中的水汽发生凝结时的凝结核，对云、雾和降水等都具有重要的意义。再者，气溶胶粒子还能够间接影响大气中的各种化学反应，能够通过改变臭氧、一氧化氮等气体分子的含量而影响气候。

同时，气溶胶粒子能够进入人体组织，严重危害人体健康。近年来，我国经济快速发展，城市化进程不断加快，生物质燃烧、城市生活造成的污染物排放，使空气中产生了大量的气溶胶，导致城市大气污染问题日益突出。有研究表明，大气颗粒物已成为影响我国城市空气质量的首要污染物，大气颗粒物实质上是大气气溶胶的一部分。不同粒径的气溶胶颗粒对人体造成的危害不同，一般来说，气溶胶的粒径越小，对人体的危害程度越大。粒子直径在 15μm 以下的颗粒物可以留在人体的鼻腔和咽部，直径小于 10μm 的颗粒物能够达到人体呼吸系统的支气管区，而直径小于 2.5μm 的颗粒物能够直接进入人体肺泡，对人体造成严重危害，同时这些微粒在空气中的聚集还会导致大气能见度下降，严重影响城市交通和居民生活等。

综上所述，尽管大气中气溶胶含量相对较少，但它在大气中的影响不容忽视。

大气气溶胶对太阳辐射的吸收和散射，直接影响大气辐射平衡，不仅对局部或全球的生态环境、气候变化产生重要影响，而且能够直接危害人体健康。因此，充分了解气溶胶粒子对气候和空气质量的影响具有重要的现实意义，需要对气溶胶及其光学特性反演进行深入研究。近年来，随着遥感卫星技术不断发展并取得突破，大面积、大范围尺度的气溶胶动态实时监测得以逐步实现，卫星遥感大气气溶胶的反演研究不断开展，气溶胶的精确反演不但能够为相关部门生态环境保护和空气污染防治提供前期的数据基础，而且对于维持生态系统平衡、区域可持续发展和全球气候变化研究等方面具有重要的理论和现实意义。

卫星遥感技术探测气溶胶信息拥有覆盖范围广、获取信息便利、经济等特点，已经发展成为一个重要的前沿性科学技术，且正在获得长足的进展。近年来，全球各国众多多角度、多光谱以及多偏振类型的传感器不断发射升空，在卫星遥感探测气溶胶信息方面已取得了许多研究成果，发展了多种大气气溶胶光学厚度（AOD）遥感反演算法。各种各样的 AOD 反演产品不断涌现，利用不同传感器数据获取 AOD 信息的算法也多种多样。

大气质量遥感监测的基本原理是，通过卫星遥感影像反演大气气溶胶光学厚度，然后建立大气污染物与气溶胶光学厚度的统计关系，从而估算出大气污染物的浓度和分布。因此，反演大气气溶胶光学厚度是大气质量遥感监测的前提，其反演精度直接影响估算大气质量的精度。

20 世纪 70 年代中期，国际上便开始了卫星遥感气溶胶的理论研究，针对当时已有的卫星数据研究取得了相当大的研究进展。AVHRR 是 70 年代以来使用最为广泛的卫星数据，到 1997 年，人们开始将海洋区域气溶胶光学厚度反演的理论研究成果应用在 AVHRR 的可见光通道（0.63μm）上。当时采用单通道法，该方法受气溶胶光谱分布不稳定的影响，反演结果很难保证，后来发展到双通道法。

为实现对我国生态破坏、环境污染进行大范围、全天时、全天候的动态监测，我国于 1998 年开始了“环境与灾害监测预报小卫星星座系统”建设。环境卫星发射后，利用环境卫星对气溶胶光学厚度反演的研究逐渐增多。

目前，$PM_{2.5}$ 的监测方法主要包括地面监测和卫星遥感监测两种。地面监测虽然结果精确，但成本较高，且地面监测站数量少，因此监测结果时空不连续，无法获得足够多的数据来研究整个区域 $PM_{2.5}$ 的扩散方式和传输特性。卫星遥感监测具有数据获取方便、监测范围广等优势，能很好地弥补地面监测的不足。现有的

$PM_{2.5}$ 监测反演方法都是先反演大气气溶胶光学厚度，再对气溶胶光学厚度 AOD 与地面实测 $PM_{2.5}$ 的关系进行统计分析，用统计得到的关系推算无地面监测点区域的 $PM_{2.5}$ 值。在“AOD 与 $PM_{2.5}$ 具有良好的、稳定的统计关系”的基本假设下，国内外很多学者用此方法进行了大量的研究。因此，现有大量研究都集中在提高 AOD 反演精度上，如引入各种订正、加入更多辅助数据、结合数值预报模式等，也在特定研究区域内取得了比较好的结果。目前在空气污染研究领域应用最为广泛的 AOD 产品是 MODIS 的 AOD 产品。

（三）城市大气污染遥感监测

在中国城市规模排名前 500 的城市中，仍有相当数量的城市的空气污染指标超标。常规的城市大气环境监测手段是采用地面监测点，通过分析仪器采样监测点的数据,以及空气污染指数（API）来评价城市大气环境质量。监测指标包含上文提到的六项污染物。监测及分析这些污染物在空气质量指标的评价体系中发挥着重要的作用。各地的空气质量监测站点，可对特定区域内的空气质量进行实时监测，但站点分布不均一，监测覆盖有效范围有限，仅能获取小范围区域内特定时间的污染物浓度，不利于监测及表达污染物浓度分布状况，因此通过监测数据由点到面地扩展监测污染物浓度尤为重要。目前，国内外遥感技术在大气污染与城市环境保护方面的应用越来越广泛。城市大气污染的遥感监测主要是通过遥感手段调查产生大气污染的污染源的分布、污染源周围污染物的扩散规律和影响范围等信息。一方面，遥感可观测到大气中气溶胶类型及其含量、分布情况与大气微量气体的铅垂分布；另一方面，城市植物对大气环境的指示作用可作为判别城市大气环境质量的依据，通过地物波谱测试数据、彩色红外遥感图像及少量常规大气监测数据，可获取关于城市大气环境质量的基本数据，并建立城市大气污染的评价模型，进行城市大气环境评估分析。

用于大气监测的遥感技术种类较多，一般有相关光谱技术、激光雷达技术及热红外扫描技术。应用于大气环境监测的电磁波谱范围主要是近紫外线到红外线范围（0.4 ~ 25μm）以及微波范围（10 ~ 200GHz）。

在遥感监测中，需要在自然光充分的条件下，利用地表之上漫射光所汇聚的光源。相关光谱技术基于光的吸收原理，在紫外光和可见光范围内，受监测气体选择吸收特定波长的光后，研究人员可以根据光强衰减程度来推算对象气体的浓度。遥感监测系统多装备在汽车或直升机上，目前监测污染物多为 NO、NO_2、SO_2，这 3 种污染物组分的实际工作波长范围分别是：NO 为 195 ~ 230nm，NO_2 为 42 ~ 450nm，SO_2 为 250 ~ 310nm。

目前，通过激光技术监测大气污染的手段发展较为迅速。激光雷达作为一种主动遥感技术，具有单色性好、高度方向性以及能量集中等优点，因此具有良好的灵敏度和分辨率。散射作用在大气遥感中占有相当重要地位，主动探测系统多是基于这种作用机制而制造的。激光脉冲射入环境监测对象介质后会因发生散射作用而衰减。射向大气的激光束遭遇气态分子时，可能发生瑞利散射和拉曼散射。

红外激光－荧光遥感器可用于监测大气中 NO_2、CO、CO_2、SO_2、O_3 等污染物及其浓度，其监测频率在可见光至紫外光区域，根据荧光波长和强度不同，监测可以分为定性和定量监测。不同程度和种类的大气污染会使遥感获取的数据存在一定程度上的失真。这种情况下，需要建立评估模型对整体的失真情况进行评价。通过地物波谱测试数据、彩色红外遥感影像以及常规监测数据，可以建立评估模型，并对城市内部的大气污染物进行监测。根据监测结果，研究人员可以对城市大气污染源分布、污染物扩散情况以及污染扩散影响、污染程度等进行研究，以确定影响城市大气环境质量的主导因素，并根据可持续发展的要求，通过一定措施对污染源进行治理，有效调节与改善城市大气环境质量。

大气中的气溶胶如烟雾、尘暴等悬浮污染物是影响大气质量的主要因素，通过遥感影像可以观察到它们的分布特征。大气气溶胶根据其种类及浓度不同，在影像上呈现的色调也不同。浓度高的区域，由于其反射率、散射率大，在影像上一般呈现白色，反之则呈现灰色。结合地面站点的定期监测采样，可以对其主要组成及分布情况进行分析。通过长时间序列的监测及分析，可以获取大气污染的时空分布与变化规律。例如，NO_x、SO_2 的图像灰度信息在 TM1、TM3 图像中均可以明显地看出。SO_2 往往与其他颗粒物聚集在一起出现在大气中，对光波产生散射，在遥感图像上显示为灰暗、模糊影像特征。同时，高分辨率影像还可以根据烟囱的地理位置来判别烟雾污染范围与程度。

通过对遥感图像的分析，可获取可靠的大气污染资料。可见，遥感信息在城市环境动态监测方面具有其他类型数据所无法代替的优越性。同时，遥感监测应用日益广泛，遥感监测的项目增多、分辨率提高、解译性能增强，遥感监测将成为城市大气环境监测的主要手段。

二、城市水环境遥感监测技术

城市水环境是城市环境的核心组成要素，除水资源以外，水环境状况也对城市生态系统具有重要意义。在气候变化和人类活动的双重影响下，城市水环境脆弱且极易发生变化。研究不同时空背景下的城市水环境变化特征，揭示和监测城市水环境变化规律，对城市可持续发展具有重要意义。

（一）基于遥感影像的城市湖泊范围遥感监测

湖泊可以简单定义为四周陆地所围之洼地，与海洋不发生直接联系的静止水体。湖泊作为水资源的一部分，在调蓄径流、防洪抗旱、农业灌溉、水产养殖、船舶航运、调节区域气候、维持自然界水分循环等方面扮演着至关重要的角色。

我国地域辽阔，湖泊众多、类型多样、分布广泛、变化复杂。相比于自然湖泊，由于城市化进程的影响，城市湖泊的变化更大，其主要表现在湖泊数量和范围的变化、湖泊水量的变化以及湖泊水质的变化。对于城市湖泊数量和范围的变化，以武汉市湖泊为例进行说明。武汉市素有“百湖之市”的美称，然而，近年来随着武汉市人口增长与经济快速发展，城市建设发展不断加快，武汉市出现了湖泊数量锐减、水面面积急剧缩小的严重环境问题。20 世纪 60 年代以来武汉市湖泊总面积的变化大致经历了三个阶段：①在 20 世纪 60 年代和 70 年代间，湖泊总面积和总数量急剧下降；②在 20 世纪 70 年代至 2000 年左右，湖泊面积保持相对稳定；③自 2000 年至今，湖泊面积再次出现快速下降。

湖泊水质是城市湖泊面临的另一重要问题，有资料显示，我国江河湖泊普遍遭受污染，全国 75% 的湖泊出现了不同程度的富营养化，90% 的城市水系污染严重。水污染降低了水体的使用功能，加剧了水资源短缺，南方城市总缺水量 60% ~ 70% 是由于水污染造成的。以上这些问题对我国可持续发展战略的实施造成了负面影响，城市湖泊问题已成为我国亟待解决的环境问题。

遥感技术可以对湖泊进行全域、长时间、动态观测，而且提取湖泊的变化信息之后，还可以做进一步研究，如分析其变化背后的驱动因子。总之，遥感技术是湖泊变迁监测的有效手段，其能够用来深入研究在自然与人类活动的影响下城市湖泊的演变机制，为城市环境以及生态系统保护提供可靠的数据支撑，有效地管理和规划城市的水资源以及对水利工程进行监督。

综上所述，城市湖泊面临退化消失、水量减少以及水质污染等严重的环境问题，遥感技术作为一门新兴的对地观测技术，凭借其尺度大、成本低、周期性和速度快等优点，可以作为长久监测湖泊水体的有效手段。监测研究湖泊面积的变化规律，及时把握地表—地下、河流—湖泊之间的水量平衡状况，对流域生态环境的保护和自然资源的合理利用具有重大意义。

（二）城市黑臭水体遥感监测方法与应用

在城市，河流作为除湖泊之外另一种重要的资源和环境载体，关系到城市生存和发展以及城市环境的美化。在城市规划中，河流常被认为是城市生态系统的绿色生命线，是维持城市生态平衡的重要因素。然而，中国自改革开放以来，步入了快速城市化的进程，人口迅速向城镇聚集，大量的生活污水、工业废水被直接排放至城市河道中，导致河流出现黑臭现象，对市民日常生活、身心健康产生了严重影响。因此，监测、整治城市黑臭水体已经刻不容缓。

城市黑臭水体的一般定义是指城市建成区内,呈现令人不悦的颜色和（或）散发令人不适气味的水体。从视觉上来说，水体颜色异常，水面漂浮杂质较多，整体浑浊，流速慢甚至不流动，通常有排污口排放污水；从嗅觉上来说，水体散发恶臭（物体腐烂的腥臭味、化工废料的刺激性臭味等）。[①]

与地面人力监测相比，卫星遥感技术覆盖范围广，能够实现全域观察，已成功运用于海洋、湖泊等大型水体的污染监测，为水环境监测开拓了新思路和新的解决方法。其可以同时获取一块区域内的所有水体的黑臭情况，也可以到达偏僻的无人可及的区域；且遥感技术能够实时跟踪黑臭水体，实现黑臭水体的动态监测，评价治理效果或者及时发现新出现的黑臭水体，大幅降低人力成本、时间成本。目前我国自主研制并发射成功的资源系列、高分系列等高分辨率卫星，为我国城市黑臭水体监测提供了有效的数据源。

1. 城市黑臭水体光学特性分析

地物的固有光学量（固有光学特性）是遥感探测的理论基础。城市水体黑臭的根本原因在于污染物的过度排放，污染物主要包括人类生产生活产生的糖类、蛋白质、油脂、酯类等有机碳、有机氮以及含磷化合物。这些物质在水体中分解，消耗大量溶解氧，导致水体处于缺氧、厌氧状态，厌氧微生物随之大量繁殖，并产生致黑致臭物质。污染物在水体中的溶解导致黑臭水体的光学特性有别于一般

---

① 王桥，朱利．城市黑臭水体遥感监测技术与应用示范 [M]. 北京：中国环境出版集团，2018.

水体，分析黑臭水体的光学特性对构建城市黑臭水体识别模型具有指导意义。

在 400 ~ 900nm 波段范围内，城市黑臭水体的遥感反射率值整体较低，低于 0.025，其平均反射率在 3 种水体中最小，3 种水体的平均反射率差异明显 [图 6–3（d）]。在 400 ~ 550nm 波段范围，黑臭水体遥感反射率随波长增加而上升缓慢，其他水体的光谱曲线在该波段范围上升迅速 [图 6–3（b）、（c）]；在 550 ~ 580nm 波段范围，黑臭水体遥感反射率出现峰值，波峰宽度大于其他类型水体，但值最低，形状最为平缓；黑臭水体由于水体溶解氧含量低，导致水体藻含量少，在 620nm 没有明显吸收谷，在 700nm 附近没有明显的反射峰。总结起来，城市黑臭水体遥感反射率最低，在 550 ~ 700nm 范围内整体走势平缓，虽然存在波动变化，但是峰谷不突出，这种光谱特征是遥感识别黑臭水体的重要依据。

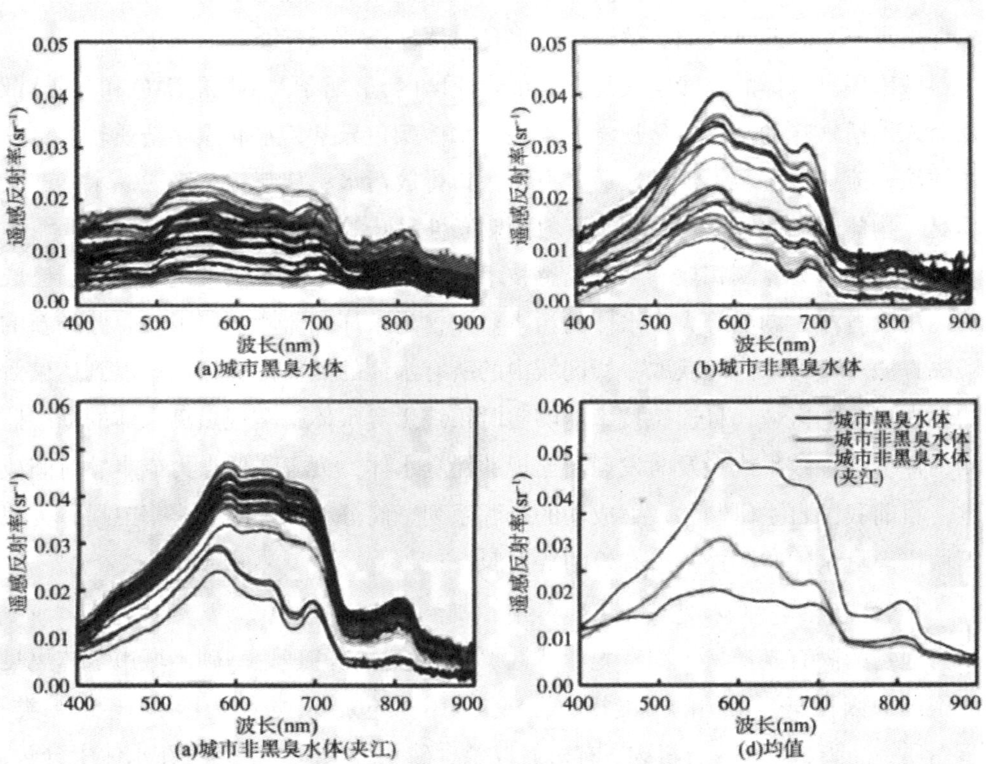

图 6–3　3 种类型水体（南京市黑臭水体、正常水体与南京夹江饮用水源地水体）遥感反射率光谱及均值

2. 城市黑臭水体遥感监测

鉴于上述城市黑臭水体的光学特征，研究人员提出了多种黑臭水体识别方法。

我国自 2015 年才有学者开始城市黑臭水体的调查研究，如曹红业等先后在长春、沈阳、北京、常州、无锡、杭州实地采集高光谱数据，并利用光谱指数法识别黑臭水体，重度黑臭、轻度黑臭、一般水体的验证率依次为 83.3%、57.1% 、87.5%。温爽等在南京（55 个点）实地获取高光谱数据，模拟为 GF-2 多光谱数据后，采用多种方法建立识别模型，其中差值指数（DBWI）、归一化指数（NDBWI）算法精度较高，验证率分别为 90.7% 、93.02%。

我们通过对 N 市黑臭水体进行光谱分析，发现黑臭水体 NDBWI 可以很好地识别城市黑臭水体，图 6-4 为 2024 年 N 市黑臭水体和一般水体 NDBWI 指数分布图，黑臭水体的 NDBWI 值要高于一般水体的 NDBWI，NDBWI 的计算公式为：

$$\text{NDBWI}=\frac{R_{rs}\left(Green\right)-R_{rs}\left(Red\right)}{R_{rs}\left(Green\right)+R_{rs}\left(Red\right)}$$

式中，R_{rs}（*Green*）和 R_{rs}（*Red*）分别为高分二号影像第二、第三波段大气校正后遥感反射率值，实际计算中使用辐射校正和大气校正后多光谱影像的光谱值，计算得到的 NDBWI 指数为无量纲值。

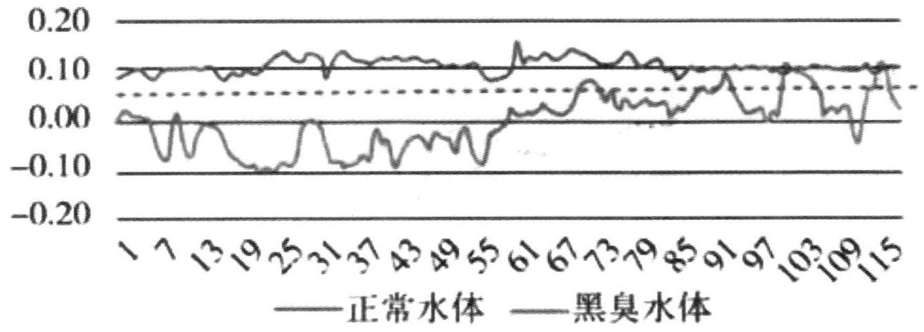

图 6-4　N 市 2024 年城市黑臭水体和一般水体 NDBWI 指数分布

第七章　测绘技术的综合应用

第一节　遥感技术的应用

一、遥感技术在测绘中的应用

在测绘中，遥感图像主要被用来测绘地形图、制作正射影像图和经专业判读后编绘各种专题图。使用现时的遥感图像补测和修编地形图和地图，以及在一些特殊条件下，如云覆盖、森林覆盖、水下、雪原上测绘地形图等。遥感技术所测绘的地形图或地图已是数字形式，通过格式变换直接存入 GIS 的数据库，修测的内容可以更新 GIS 数据库。

（一）制作卫星影像地图

利用各种传感器的影像制作卫星影像图，先在所需制作影像图的区域内，均匀选取一些控制点，点数与区域大小和选择的纠正模型要求有关，区域面积大，可适当多选一些。点的坐标可在比最后制作影像图大一个等级的比例尺的地形图上读取，或用 GPS 或其他测量工具实地测定。根据卫星影像的分辨率和粗加工处理后残余变形误差的特点，按规范要求对影像精加工处理后平面误差在 1 ~ 1.5 个像元间才能制作影像图，而用于一般判读目的时，残余误差可放宽到 2 ~ 3 个像元。

纠正方法采用多项式拟合法或共线方程法等，制作成假彩色卫星影像图。TM 图像有 7 个波数，可根据地区景观特点和需要选择合成的波段，必要时可根据不同的地类（指大地类），分别选择适合该大类地物判读的波段，采用分类融合技术，如水系适合用 TM4、3、2 合成，城市适合用 TM7、4、2 合成，植被适合用 TM5、4、3 合成在同一幅假彩色影像图上。也可采用不同分辨率影像间的融合技术，如 SPOT 多光谱影像与 SPOT 全色影像融合， TM 多光谱影像与 IRS 全色影像融合；IKONOS 的 4m 分辨率多光谱影像与 IKONOS 的 1m 分辨率全色影像融合，TM 多光谱影像与 SAR 影像融合，甚至 TM 多光谱影像与全色航空影像融合等。这样制作的影像图在色调显示上能够达到最佳效果，空间特征表达更加丰富，有效增强了影像图的信息承载能力。

（二）卫星影像修测地形图

卫星影像修测地形图速度快、费用低。地形一般情况下不会发生大的变化，因此卫星影像修测的主要对象为城镇居民地、道路交通、水系及部分地物类型，同时还应对变化的地名进行更改。修测地形图的比例尺一般比制作影像图的比例尺小一挡，如 TM 图像只能修测 1 ： 25 万比例尺的地形图，SPOT（多光谱）图像修测 1 ： 10 万比例尺的地形图。修测 1 ： 5 万比例尺地形图最好使用分辨率在 5m 左右的卫星影像，例如，IRS–IC 上的全色影像分辨率为 5.8m，而 SPOT 全色影像分辨率为 10m，勉强可用于该比例尺地形图的修测。IKONOS 影像分辨率为 1m，可用于 1 ： 1 万比例尺地形图的修测。

被修测的地形图应数字化后形成数字栅格地图（DRG）或数字矢量地图（DLG），利用 DRG 或 DIG 纠正卫星影像，将 DRG 或 DLG 与纠正后的影像进行叠合，然后去除 DRG 或 DIG 上已变化了的地物，绘上变化后的地物，形成更新的地形图。根据国家测绘局规范的规定，更新地物一律用紫色表示，以示区别。[①]

（三）陆地地形图测绘

使用航空像片测绘地形图的技术已相当成熟，其当前的发展方向是与计算机及自动控制技术结合，实现测图自动化。但航空像片覆盖范围小、获取成本高，难以在短时间内完成全球范围的影像获取。而卫星像片覆盖面积大、获取效率高，能够在短时间内实现全球陆地全面成像，并具备重复成像能力。卫星像片分辨率不断提高，测图比例尺也在不断提高，如 IKONOS 获取的立体图像能测绘 1：25000 比例尺的地形图，美国使用像幅为 23cm × 46cm 的大像幅像机，在低高度轨道的航天飞机上对地面进行立体摄影，基线高度比达 1.2，纵向重叠达 80%，在立体测图仪上也能测绘 1 ： 50000 比例尺的地形图。

① 方圣辉，龚龑，孙家抦，等.遥感原理与应用 [M].4 版.武汉：武汉大学出版社，2024.

二、遥感技术在环境和灾害监测中的应用

地球环境是一个庞大而复杂并且在不断变化的系统，人类活动和自然本身演变的原因，使地球环境产生急剧的，甚至是一些灾难性的变化。如地球温室效应、厄尔尼诺现象、海洋赤潮和海啸、洪涝和旱灾、臭氧空洞、沙尘暴、南北极和珠峰的冰雪线退化等。遥感是监测这些环境现象的最佳方法之一，以下将通过对各种具体的环境现象遥感监测的阐述，来证明这种方法的有效性和可靠性。[①]

（一）遥感方法快速监测洪涝灾情

1998 年受厄尔尼诺现象的影响，我国长江中游从宜昌至南京全线突破警戒水位，7 月中、下旬，川、黔、湘、鄂、赣再次下大到暴雨，沿江各省告急，尤其是湖北省簰洲湾发生决口，侵吞了簰洲湾合镇岭，造成重大生命财产损失。

由于水灾期间往往阴雨连绵，常规遥感方法已无法探测，而雷达图像能穿云过雾，因此是监测洪涝灾害的有效手段。为了监测水情，还须精确配准现时的雷达影像与原先的 TM 图像作融合处理，在融合影像上可清楚地显示出清水、浊水，新淹没积水区，地表无明水但土壤为水分饱和的内涝滞水区，植物正常生长的无灾区及城镇居民点等。

（二）卫星遥感监测南极冰川流速

监测南极冰川流速和流量，对于南极冰盖冰雪物质平衡、预报冰崩及其对科学考察站和航行安全的影响、评估产冰量及其对全球气候和环境的影响等，具有重要的冰川学研究意义。

目前测定冰川流速的方法有传统测量法、GPS 实地施测法、航空摄影测量法、航空激光测高法、合成孔径天线相干雷达（INSAR）测量法以及卫星多时相、多波段影像的测量法等。其中，用卫星多时相影像测定冰川流速，具有快速、准确、直观、经济的优势。例如，在东南极伊丽莎白公主地、英格里特·克里斯泰森海岸采用三个不同时间不同遥感传感器卫星影像测定冰川流速就取得了很好的效果。

东南极伊丽莎白公主地、英格里特·克里斯泰森海岸有几十条规模不同的冰川从大陆流向海岸，其中与中山站靠得最近的是拉斯曼丘陵上的米洛半岛东边的达尔克冰川，这条冰川曾在 1988 年发生过冰崩，冰川前沿的冰川舌断裂入海，形

① 赵卫红，王勇 . 测绘新技术在国土资源中的应用研究 [M]. 北京：中国原子能出版社，2022.

成许多冰山。最大的一条冰川是拉斯曼丘陵西南 50km 处的极纪录冰川，它的宽度在 25km 以上。虽然在米洛半岛上有中、俄、澳三国的科学考察站，但尚未有国家公开公布过这两条冰川的流速。

为了正确地量测冰川移动距离，必须对影像进行纠正，并在不同影像间进行精确配准。TM 分辨力最高，粗加工后的影像内部相对位置精度较高，因此将 TM 用实测的控制点进行精准纠正，考虑到 MSS 和 Radarsat 影像分辨率较低，重采样用 50m × 50m 的像元。

影像配准应考虑影像的几何特性来选择配准模型，由 MSS 配准到 TM 时可采用一次项拟合法，在将 SAR 影像配准到 TM 影像时，考虑到 SAR 在脉冲发射方向由于斜距投影造成的比例尺非线性变形，应采用二次项拟合。

（三）遥感方法观测海洋赤潮

赤潮是一种因海水富营养化引起海洋浮游生物的暴发性繁殖而造成海水变色的自然现象。海水的颜色，由浮游赤潮生物的种类决定，可为红色、橘红色或褐色。

近年来，受污水排放问题、大量农用化肥随雨水流失以及近海给饵养殖业的广泛发展的影响，近岸海域水体无机氮、无机磷等无机盐及可溶性有机物含量显著增加，为藻类生长提供了良好的环境条件。因而，赤潮发生的频率大幅升高，其范围几乎扩展到世界所有临海地区，甚至在阿拉斯加的巴罗岬附近，也有赤潮发生的报道。日本沿海是赤潮的高发地区。在我国，从渤海湾到南海，近年来，每年都有多次赤潮发生。

赤潮生物主要是浮游的藻类，如甲藻类、硅藻类、鞭毛藻类、夜光藻等。其细胞壁含叶绿素 a 和类胡萝卜素等。赤潮一般发生在近海岸地带。赤潮区海水光谱特征是藻类生物体、泥沙和海水的复合光谱。含悬浮泥沙的海水，在光谱的黄、红范围，具有很高的反射率，但到红外范围后急剧下降。含赤潮生物的海水，TM3 波段数值比含泥沙水稍低，在 TM4 波段下降平缓，到 TM5 波段才急剧下降。这是因为赤潮生物所含叶绿素 a 在红光区的吸收作用和到 0.68pm 后反射的陡坡效应所形成。因此赤潮区海水与含悬浮泥沙海水在 TM 图像中的差异，主要在 TM3 波段和 TM4 波段。

频频发生赤潮对海洋生态系统造成了很大危害。暴发性发展的藻类生物在晚上将大量吸收海水中的氧，有的藻类还同时释放出毒素，造成近海的鱼、虾、贝类因缺氧或中毒而大量死亡。人类误食因赤潮毒素致死的鱼、虾等也会引起中毒。因此，赤潮已成为许多沿海国家的主要环境问题之一。

第二节　卫星导航与定位技术及其应用

一、概述

（一）卫星导航与定位技术的作用

导航是一个技术门类的总称，它是引导运载体（包括飞机、船舶、车辆以及个人）安全、准确地沿着选定的路线，准时到达目的地的一种手段。导航的基本功能是回答“我现在在哪里？我要去哪里？如何去？”的问题。导航由导航系统完成，包括装在运载体上的导航设备以及装在其他地方与导航设备配合使用的导航台。从导航台的位置来看，主要有：①陆基导航系统，即导航台位于陆地上，导航台与导航设备之间用无线电波联系；② 星基导航系统，导航台设在人造卫星上，扩大覆盖范围，即卫星导航定位。导航是人类从事经济和军事活动必不可少的信息技术。

卫星导航定位的基本作用是向各类用户和运动平台实时提供准确、连续的位置、速度和时间信息。在卫星定位系统出现之前，远程导航与定位主要用于无线导航系统。其中：罗兰 –C 工作在 100kHz，由 3 个地面导航台组成，导航工作区域 2000km，一般精度为 200 ~ 300m；奥米茄（Omega）工作在十几千赫，由 8 个地面导航台组成，可覆盖全球，精度为几英里；多普勒系统利用多普勒频移原理，通过测量其频移得到运动物参数（地速和偏流角），推算出飞行器位置，属于自备式航位推算系统。这些系统的缺点是覆盖的工作区域小，电磁波传播受大气影响，定位精度不高。

（二）卫星导航与定位技术的主要内容

卫星导航定位为民用领域带来巨大的经济效益。卫星导航广泛应用于海洋、陆地和空中交通运输的导航，推动世界交通运输业发生了革命性变化。例如，卫星导航接收机已成为海洋航行不可或缺的导航工具，国际民航组织在力求完善卫星导航可靠性的基础上推动以单一卫星导航取代已有的其他导航系统，陆上长、短途汽车正在以装备卫星导航接收机作为发展时尚。

卫星导航定位在陆地与海洋测绘、工业、精细农业、林业、渔业、土建工程、矿山、物理勘探、资源调查、地理信息产业、海上石油作业、地震预测、气象预报、环保研究、电信、旅游、娱乐、管理、社会治安、医疗急救、搜索救援以及时间传递、电离层测量等领域得到大量应用，显示出巨大的应用潜力。卫星导航还用于飞船、空间站和低轨道卫星等航天飞行器的定位和导航，提高了飞行器定位精度，并简化了相应的测控设备，推动了航天技术的发展。

卫星导航定位已经渗透到国民经济的许多部门。随着卫星导航接收机的集成微小型化，可以被嵌入其他的通信、计算机、安全和消费类电子产品中，其应用领域更加广泛。卫星导航用户接收机生产和增值服务本身也是一个蓬勃发展的产业，是重要的经济增长点之一。

卫星导航是军事应用的重要领域。卫星导航可为各种军事运载体导航。例如为弹道导弹、巡航导弹、空地导弹、制导炸弹等各种精确打击武器制导，可使武器的命中率大为提高，武器威力显著增长。卫星导航已成为武装力量的支撑系统和武装力量的倍增器。卫星导航可与通信、计算机和情报监视系统构成多兵种协同作战指挥系统。卫星导航可完成各种需要精确定位与时间信息的战术操作，如布雷、扫雷、目标截获、全天候空投、近空支援、协调轰炸、搜索与救援、无人驾驶机的控制与回收、火炮观察员的定位、炮兵快速布阵以及军用地图快速测绘等。

卫星导航可用于跟踪和精确弹道测量靶场高动态武器以及建立与保持时间统一勤务。当今世界正面临一场新军事革命，电子战、信息战及远程作战成为新军事理论的主要内容。导航卫星系统作为一个功能强大的军事传感器，已经成为天战、远程作战、导弹战、电子战、信息战的重要武器，并且敌我双方对控制导航作战权的斗争将发展成为导航战。谁拥有先进的导航卫星系统，谁就在很大程度上掌握了未来战场的主动权。

二、GPS 定位原理

（一）GPS 系统的组成

GPS 由 3 个独立的部分组成：空间部分——GPS 卫星星座部分；地面控制部

分——地面监控系统；用户设备部分——GPS 信号接收机部分。

空间部分由 24 颗高度约 20200km 的卫星组成卫星星座。21+3 颗卫星（21 颗工作卫星，3 颗备用卫星）均为近圆形轨道，运行周期约为 11h 58min，分布在 6 个轨道面上（每个轨道面 4 颗），轨道倾角为 55° 。卫星的分布使得观测者在全球的任何地方、任何时间都可观测到 4 颗以上的卫星，并能保持良好定位解算精度的几何图形（DOP），这就提供了在时间上连续的全球导航能力。在 2 万千米高空的 GPS 卫星，当对地球来说自转一周时，它们绕地球运行两周，即绕地球一周的时间为 12 恒星时。这样，对于地面观测者来说，每天将提前 4min 见到同一颗 GPS 卫星。位于地平线以上的卫星颗数随着时间和地点的变化而变化，最少可见到 4 颗，最多可见到 11 颗。GPS 卫星向广大用户发送的导航电文是一种不归零的二进制数据码 $D(t)$，码率 fd=50Hz。为了节省卫星的电能，增强 GPS 信号的抗干扰性、保密性，实现遥远的卫星通信，GPS 卫星采用伪噪声码对 D 码作二级调制，即先将 D 码调制成伪噪声码（P 码和 C/A 码），再将上述两噪声码调制在 L_1、L_2 两载波上，形成向用户发射的 GPS 射电信号。因此，GPS 信号包括两种载波（L_1、L_2）和两种伪噪声码（P 码、C/A 码）。这 4 种 GPS 信号的频率皆源于 10.23MHz（星载原子钟的基频）的基准频率。

地面控制部分包括 5 个监测站、3 个注入站和 1 个主控站。监测站设有 GPS 用户接收机、原子钟、收集当地气象数据的传感器和进行数据初步处理的计算机。监控站的主要任务是取得卫星观测数据并将这些数据传送至主控站。监测站均为无人值守的数据采集中心。

主控站接收各监测站的 GPS 卫星观测数据、卫星工作状态数据、各监测站和注入站自身的工作状态数据，并根据上述各类数据，完成以下 3 项工作：①及时编算每颗卫星的导航电文并传送给注入站。②控制和协调监测站间、注入站间的工作，检验注入卫星的导航电文是否正确以及卫星是否将导航电文发给了 GPS 用户系统。③诊断卫星工作状态，改变偏离轨道的卫星位置及姿态，调整备用卫星取代失效卫星。

注入站负责接收主控站送达的各卫星导航电文并将之注入飞越其上空的每颗卫星。用户设备部分主要由以无线电传感和计算机技术支撑的 GPS 卫星接收硬件、机内软件以及 GPS 数据处理软件构成。接收机接收 GPS 卫星发射的信号，以获得必要的导航和定位信息，经数据处理，完成导航和定位工作。GPS 接收机的结构分为天线单元和接收单元两大部分。对于测地型接收机来说，两个单元一般分成两个独立的部件，观测时将天线单元安置在测站上，接收单元置于测站附近的适当地方，用电缆线将两者连接成一个整机。也有的将天线单元和接收单元制作成一个整体，观测时将其安置在测站点上。GPS 信号接收机的任务是捕获按一定卫星高度截止角所选择的待测卫星的信号，并跟踪这些卫星的运行，对所接收的 CPS 信号进行变换、放大和处理，以便测量出 GPS 信号从卫星到接收机天线的传播时间，解译出 GPS 卫星所发送的导航电文，实时地计算出测站的三维位置，甚至三维速度和时间。

GPS 数据处理软件是 GPS 用户系统的重要部分，其主要功能是对 GPS 接收机获取的卫星测量记录数据进行“粗加工”和“预处理”，并对处理结果进行平差计算、坐标转换及分析综合处理，解得测站的三维坐标，运动物体的坐标、运动速度、方向及精确时刻。

（二）GPS 定位原理

GPS 定位的基本原理是根据高速运动的卫星瞬间位置作为已知的起算数据，采用空间距离后方交会的方法，确定待测点的位置。GPS 定位的关键是测量接收机到卫星的距离。根据测量距离采用的 GPS 信号观测量不同，GPS 定位的基本方法一般分为伪距测量与载波相位测量。

（三）GPS 定位的误差源

在 GPS 定位中出现的各种误差按其来源大致可分为以下 3 种类型。

与卫星有关的误差：主要包括卫星轨道误差、卫星钟的误差、地球自转的影响和相对论效应的影响等。

信号传播误差：GPS 卫星是在距地面 20200km 的高空中运行，CPS 信号向地面传播时要经过大气层，因此信号传播误差主要在信号通过电离层和对流层时产生。此外，信号传播的多路径效应也会导致该类误差。

观测误差和接收设备的误差：通常可采用适当的方法减弱或消除这些误差的影响，如建立误差改正模型对观测值进行改正，或选择良好的观测条件，采用恰当的观测方法等。

（四）GPS 技术的定位模式

GPS 技术按待定点的状态分为静态定位和动态定位两大类。静态定位是指待定点的位置在观测过程中固定不变的，如 GPS 在大地测量中的应用。动态定位是指待定点在运动载体上，在观测过程中是变化的，如 GPS 在船舶导航中的应用。静态相对定位的精度一般在几毫米至几厘米范围内，动态相对定位的精度一般在几厘米到几米范围内。GPS 信号的处理从时间上划分为实时处理及后处理。实时处理就是一边接收卫星信号一边进行计算，获得目前所处的位置、速度及时间等信息；后处理是指把卫星信号记录在一定介质上，回到室内统一进行数据处理。一般来说，静态定位用户多采用后处理，动态定位用户多采用实时处理或后处理。

按定位方式，GPS 定位分为单点定位和相对定位（差分定位）。单点定位就是根据一台接收机的观测数据来确定接收机位置的方式，它只能采用伪距观测量，可用于车船等的概略导航定位。相对定位（差分定位）是根据两台以上接收机的观测数据来确定观测点之间的相对位置的方法，它既可采用伪距观测量，也可采用相位观测量，大地测量或工程测量均应采用相位观测值进行相对定位。测地型 GPS 接收机利用卫星载波相位进行静态相对定位，可以达到 10–6 ~ 10–8 的高精度，但是为了可靠地求解整周模糊度，必须连续观测一两个小时或更长时间，这就限制了其实际应用，于是解决这一问题的各种方法应运而生。例如，采用整周模糊度快速逼近技术（FARA）使定位时间缩短至 5min,称为快速静态定位。GPS 观测量中包含了卫星和接收机的钟差、大气传播延迟、多路径效应等误差，在定位计算时还要受到卫星广播星历误差的影响，在进行相对定位时大部分公共误差被抵消或削弱，因此定位精度大幅提高。双频接收机可以根据两个频率的观测量抵消大气中电离层误差的主要部分，在精度要求高、接收机间距离较远时（大气有明显差别），应选用双频接收机。

三、GPS 定位技术的应用

（一）GPS 技术在公路平面控制测量中的应用展望

1.GPS 技术在公路平面控制测量中的优势

（1）高效性

GPS 技术的高效性体现在：一是 GPS 技术可以实现对公路平面控制点的快速

测量和定位，无须架设设备和布置测量控制点，可以大幅提高测量效率和工作效率。二是 GPS 技术可以实现自动化的测量操作，测量人员只需携带 GPS 接收机进行现场测量，无须进行复杂的测量操作，减少了人力成本和工作量。三是 GPS 技术可以将测量结果实时传输到计算机或移动设备上，进行数据处理和分析，实现信息化管理和决策，进一步提高了工作效率。四是 GPS 技术还可以通过差分技术实现误差校正，提高测量精度，进一步提高了工作效率。[①]

（2）精度高

GPS 技术可以通过多种技术手段提高公路平面测量的精度和准确性，满足不同精度要求下的实际测量需求。第一，GPS 技术可以通过差分技术校正误差，消除多种误差因素对测量结果的影响，从而提高测量精度和准确性。第二，GPS 接收机采用多频率接收技术，可以消除大气延迟误差，提高测量精度。第三，GPS 技术利用反演算法进行数据处理，可以降低数据噪声和误差，提高测量精度和可靠性。第四，GPS 技术的高精度接收机可以实现更高的测量精度和准确性，达到毫米级的精度要求。

（3）便捷性

GPS 技术可以在不受时间和空间限制的情况下进行测量，可以随时随地进行测量，便于工程实施和管理。一是实时监控。GPS 技术可以实时监控公路平面的变形和沉降情况，及时发现和解决问题，保证公路的稳定性和安全性。二是精准测量。GPS 技术可以实现对公路平面的精确测量和定位，为工程实施提供准确的基础数据和参考依据。三是数据分析。GPS 技术可以将测量数据实时传输到计算机或移动设备上进行数据处理和分析，实现信息化管理和决策，为工程实施和管理提供更科学的决策依据。四是无须物理接触。GPS 技术的测量操作无须物理接触，可以避免测量人员对公路交通的影响，也可以保护测量设备和测量环境，提高了便捷性和安全性。

（4）经济性

与传统的平面控制测量相比，GPS 技术具有较低的测量成本和周期，可以降低工程测量的成本，节约时间。第一，GPS 技术可直接携带 GPS 接收机进行测量的特点，省去了布设控制点的时间和成本，提高了测量效率和降低了成本。第二，CPS 技术可以在较短的时间内完成公路平面的测量，缩短了测量周期。第三，GPS

① 焦明连．数字测绘技术的应用与研究 [M]. 徐州：中国矿业大学出版社，2012.

技术的测量操作无须物理接触的特点降低了人力及物力成本。第四，GPS 技术可以将测量结果实时传输到计算机或移动设备上进行数据处理和分析，实现信息化管理和决策，减少了人为误差，降低了测量成本。需要注意的是，GPS 技术在公路平面控制测量中也存在一定的局限性，如会受到信号遮蔽、多路径效应、大气延迟等问题影响，需要进行误差校正和精度评估，以提高测量精度和准确性。同时，GPS 测量的数据也需要与传统的地面控制测量数据进行比对和校正，以确保测量结果的准确性。

2.GPS 技术在公路平面控制测量发展中的具体应用

GPS 技术在公路平面控制测量中有着广泛的应用，它可以实现公路平面三维测量，可以对公路平面的高度、长度、宽度等进行精确测量，提高测量效率和精度，为公路建设和管理提供更高效的技术支持和决策依据。具体步骤如下。

一是布设控制点。根据公路平面控制测量的实际需要，在公路平面上布设一定数量的控制点，控制点的布设密度应根据测量范围和精度要求确定，一般情况下，控制点的间距应在 100 米以内。控制点的坐标应根据精度要求进行测量和计算，并进行误差分析和校正。控制点的位置应尽可能分布在测量区域的各个方向和位置，以保证整个测量过程的可靠性和精度。

二是建立基准站。在公路平面控制测量区域内建立一到多个 GPS 基准站。基准站的位置应尽量靠近控制点，并且需要进行高精度测量和校正，以确保测量精度和准确性。

三是安装接收天线。在控制点上安装 GPS 接收天线，用于接收 GPS 信号，并且通过接收器将数据传输给计算机。

四是数据采集。在采集数据前，需要进行一些准备工作，如设置采样时间、数据清零、数据存储等。之后启动 GPS 接收机，对控制点进行数据采集，并记录采集时间、接收机编号等信息，再将采集到的 GPS 数据传输至数据处理中心进行数据处理和分析。

五是数据处理。对采集到的数据进行处理和分析，包括数据校正、数据平滑、数据拟合等。通常需要使用专业的 GPS 数据处理软件，如 Trimble Business Center、Leica Geo Office 等。通过 GPS 数据处理，可以计算出各控制点的坐标信息，包括经度、纬度、高程等。

六是结果输出。将处理后的测量结果输出到 CAD 或 GIS 软件中，生成测量图纸和报告。通常需要将测量结果与实际地形进行对比和验证，以确保测量结果的准确性和精度。通过控制点坐标计算，可以建立公路平面坐标系，以便后续工作的进行。

七是建立高程基准面。通过控制点的高程信息，可以得到高程坐标和水平位置的精确数值，然后可以根据这些数据建立公路平面的高程基准面，并将其固定在国家大地基准上。建立高程基准面后，需要对其进行验证和调整，以保证其精度和准确性。通常需要使用其他高程测量技术，如水准测量、重力测量等，对高程基准面进行验证和调整，以便实现公路平面的高程测量。

八是进行三维测量。根据建立的平面坐标系和高程基准面，对公路平面进行三维测量，包括高程测量、形态测量、曲率测量等。GPS 技术可以对公路平面高程进行测量，获取公路高程数据，为公路设计、施工和维护提供基础数据和参考依据；GPS 技术可以对公路平面的形态进行测量和分析，获取公路几何形状和曲线特征，为公路设计和改造提供参考数据；GPS 技术可以对公路平面曲率进行测量，获取公路曲率半径数据，为公路的设计和施工提供参考数据。

（二）GPS-RTK 测量技术在水利工程测绘中的应用展望

1.GPS-RTK 测量技术优势分析

GPS-RTK 是一项以现代化科技为基础的技术，具有明显的技术优越性，在使用时不会受到地形、环境、天气等因素的干扰，可以在一定范围内进行实时的数据采集。GPS-RTK 技术在水文地质勘测中有着明显的优越性。在实际应用中，采集和记录数据都要由两个或多个技术人员共同进行，通过电子仪器分析和处理资料，确保数据的可信度和准确性。在缺少技术人员的情况下，使用终端进行相应的测绘和记录，可以提高测绘工作的质量和工作效率，从而减少人工费用。采用 GPS-RTK 技术和网络技术相结合，可以在最短的时间里进行数据的处理和记录，从而加快了资料的处理和分析速度，加快了项目的进度。而 GPS-RTK 技术在水利工程中的运用，主要是由于其操作方便，能够实现图像的自动传输，增强数据的直观和美观，减轻了工作的繁重程度，提高了工作的工作质量，节约了水电项目的投资，从而使整个项目的经济效益明显改善。

2.GPS-RTK 测量技术在水利工程中的应用

（1）高速测绘

采用 GPS-RTK 技术，实现对仪器的测绘和卫星信号的调整，提高了测绘的速度和品质，减少了测绘中的错误。在特定的使用中，由电脑模组完成自动读写，只需确定作业地点即可使整个作业流程顺利进行。

（2）快速采集

在水利水电工程中，对工程资料的收集是十分必要的。GPS-RTK 技术在地图上的应用是以卫星技术为基础，利用地图上的地貌特征，建立一个整体的 GIS 系统。运用卫星遥感技术能够对工程建设中的不稳定因素进行定位和监控，充分体现这项技术强大的输出能力，对所收集的资料进行分析。另外，该技术还可以通过数据库的迅速查找，对重点区域进行数据的判定，从而提高数据的精确度。

（3）高效分析

GPS-RTK 技术在应用过程中，通过对数据进行处理，从而生成特定的数字化地图。第一，将采集到的资料按照自身的特征和属性进行归类，然后再进行相关的分析和研究。在此基础上，利用电脑技术进行综合分析，其中需要考虑交通、环境等因素，使资料的分析处理更加完备和精确。第二，通过对周围环境的数据进行处理，使测绘结果与周围的地形地貌具有很好的一致性，为后续的工程建设工作奠定基础。

（三）GPS 技术在水利工程测量中的应用

1. 加密控制点的测量

控制测量是进行一次测量的最基本环节，而通常的水利项目大多地处边远地区，地区的原因对测控工作的影响很大。在工程实践中，使用频率较高的是测距仪器的引线和三角网法，但其测绘的准确性受多种因素的制约，且其工作任务繁重。但是在应用 GPS-RTK 技术的基础上，就可以得到很好的测绘结果，该方法具有操作简便、劳动强度低、运行速度快等特点。

2. 水下地形测量

水下地貌的观测是水利水电工程中比较困难的一个环节，其原因是水底地形的复杂性会导致测绘工作面临较大的困难，水深也会导致难以观测。通常情况下，测绘仪、三杆分度仪都会在工作中使用，但在观测过程中存在工作量较大、准确率不高和人力成本较高等问题。GPS-RTK 技术在水利测绘领域得到了很大的发展，该技术通过与电脑相连，可以确保精确的位置，并将 GDP 和测深器的资料输入电脑，通过海洋测绘软件对海底地图进行分析，能够为以后的软件编制海底地图打下坚实的基础。将 GPS 技术用于海底地貌的测绘，可以极大程度地降低工程的繁重度，提高测绘的准确率，同时也为以后的 GIS 建设和运行打下基础。

3. 施工放样测量

RTK 技术在水利水电工程的测绘中得到了广泛的应用。将所确定的坐标系作为目标点，并将其输入，校正则以实际流动地点的坐标为主要依据，电子屏幕上会出现实际待测点与目标之间的偏差，以流动工作站的指数来满足精度要求。

4. 数字化地形图测量

了解了坐标系的特征后，即可利用 RTK 确定实时位置，并利用获取的数据实时测绘地面。或根据现场的实际地形条件，进行实时测量绘图，生成的地形点可构成管线的数字地图。在绘制地图的时候，可以由个人来完成，这样可以节省人工和工作的时间。

5. 利用 RTK 进行“三防”设施

GIS 数据的采集根据不同 GIS 平台的需求，在进行 RTK 数据采集过程中，将“三防”设施不同的施测点的属性加进去，将每个点的三维坐标对应到位，之后再进行数据处理。

（四）建筑工程测量中 GPS 测绘技术的应用展望

1. 工程制图测绘

GPS 技术在工程图纸中分三个步骤执行：①定位测量点；②创建测量图形点；③进行观测。系统的平面图应放在广阔的视野内，以确保规划过程的安全性和方便性，避免 GPS 卫星的发送和接收受到干扰。指定系统定位的测量点后，必须在测量点技术图形所基于的图纸上准确记录测量点。为GPS测量技术建立测量点时，会先使用提示点和提示点建立两个测量点，然后安装 GPS 标记，GPS 标记随工程制图环境的变化而变化。设置系统端号并创建 GPS 绘图点后，应开始进行技术分析。GPS 定位系统中最重要的字符技术是观测技术。该技术能够分析室外拍摄的结果，将其与工程图纸精确匹配，只有当图面与观测结合时，才能确保工程设计资料的精确度。与以前的测量技术相比，GPS 技术显著提高了建筑生产率。工程行业 GPS 技术基于测量理论，克服了传统的局限性和变化，启用测量模式。随着技术的发展和进步，GPS 技术被应用于未来的技术绘图中，技术应用需要有更大的应用目标范围和更大的发展空间。

2. 定线测量技术

将定线测量技术应用于系统可以使数据更精确、更完整，进而使工作得以顺利完成。传统的工作模式对工作人员的技术要求很高，这需要各部门之间的有效合作。GPS 测量技术的使用可以极大程度便利技术测量工作，有助于控制时间和工作量，实现良好的效益。确定起点位置是测量过程中的关键，应连续编号以确定要测量点的基准位置。输入相关参数和测量值后，工作人员使用特殊设备进行测量。分析比较测量数据时，如果差异较大，应确定影响因素，及时修正错误数据，使其对设计的负面影响降至最低。在参数输入错误的情况下，可以手动校准以确保测量结果良好。工程建设需要高效的数据源提升工程项目建设质量，所以准确的测量结果是非常重要的。

GPS 技术在复杂工程中的测量还将应用该部分并显示函数。测量、设计和施工中的精密设计准确支持数据并开发数据方案作为建筑标准项目构建级别。GPS 测量技术在工程开发中具有显著优势，特别是对于某些大型隧道工程，测量数据更为准确，可用于以后的施工。

3. 实时测绘

实时测绘需要实时动态图（RTK）技术来确定测量位置。安装 GPS 接收机后首先需要确定参考站的位置，该站连接到 GPS 卫星后，会持续记录采集的测量数据，并将测量数据传输到中央或移动测量站。然后由中央或移动测量站利用 GPS 差分定位原理进行数据比对和误差修正，并使用计算机系统确定交通监控的准确位置，从而动态显示地图。

4. 控制测量技术

获取建筑表面数据是测量建筑工程的一项重要任务。此外，应明确划定边界，并与其他建筑工程进行全面协调，以避免冲突对工程进度和质量造成威胁。在现代化背景下，工程项目的类型和数量逐年增加。在施工过程中还应考虑到其他工程的影响，加强对测量技术监测所涉地区情况的综合分析和评估，根据现实情况制定相应的预防和治理方案，并降低施工风险。模块化是控制测量技术的主要优势，相关细节收集更加全面、及时，对周围地形、地质和水文条件的勘探为设计工作奠定了坚实的基础，并大幅提高了工作效率。

第三节　地理信息系统的应用

地理信息系统（GIS）是用于管理、分析空间数据的信息系统，其在专业领域的广泛应用，是推动GIS发展和行业或领域信息化的原动力。丰富的GIS应用，使其向更高的技术水平发展，并不断完善。

一、网络地理信息系统及应用

互联网的发展极大地推动了GIS的进步，改变了GIS数据信息的获取、传输、发布、共享、应用和可视化等各个环节的方式，已经成为GIS新的操作平台。

（一）网络地理信息系统概念

网络地理信息系统的研究有其深刻的学科背景和社会应用需求，有助于地理信息走进千家万户，提高人们的生活质量，有着十分重要的理论价值、经济利益和社会效应，具体表现在以下几个方面。

网络地理信息系统是计算机网络、超媒体技术与“3S”技术结合的产物。

网络地理信息系统是开放地理信息系统的自然延伸。

空间数据生产与应用矛盾的激化呼唤更加有效开放的分布式在线地理信息服务。

基于互联网的地理信息服务本身就是国家空间数据基础设施、数字地球乃至智慧地球建设不可缺少的部分。

分布式地理信息服务将提升地理信息在国民经济、社会发展和人民生活的服务价值。通俗地讲，网络地理信息系统就是以网络为中心的地理信息系统，它使用网络环境，为各种地理信息系统应用提供GIS功能（如分析工具，制图功能）和空间数据。网络地理信息系统也可以被理解为基于Web的地理信息系统，这主要是由于大多数客户端应用采用了WWW协议。随着技术的进步，客户端可能会采用新的应用协议，因此也被认为是Internet GIS。网络GIS使各种用户通过浏览器访问空间数据，实现查询、检索、编辑、分析、可视化等GIS功能。其除具有传统GIS的基本特点外，还具有以下特性。

基于Internet/Intranet标准。网络GIS采用Internet/Intranet标准，以标准的

HTML浏览器为客户端，遵循TCP/IP和HTTP协议。

分布式服务体系结构。网络GIS采用分布式服务器体系结构，形成客户端和服务器相互分离、协同工作的多层分布结构，提高了网络资源计算效率以及资源存储的利用率。

交互系统。网络GIS是基于Internet/Intranet标准的，在任何操作系统平台和编程语言环境下，只要能够访问网络，就可以实现其提供的功能。

动态系统。网络GIS在最开始时是非动态的，由于页面固定、数据量大，在多用户并发访问时，很容易造成网络阻塞。后来在服务器端使用公共网关接口（CGI）技术，由CGI程序负责处理客户请求，将请求指令发往运行于后台的GIS服务器，再将服务器处理的结果返回给用户。这是一种动态操作空间数据并生成相应查询结果的方式。

跨平台。网络GIS客户端采用通用浏览器，对客户端的软硬件无特殊要求。服务器端无论采用什么操作系统和GIS软件，任意用户都可以通过浏览器访问到网络GIS的服务器。这种特性使得跨平台操作成为现实。

超媒体信息系统。随着网络技术、多媒体技术和地理信息系统技术的结合，网络GIS管理的对象已经从纯文本逐级扩展到多媒体。

网络GIS最初应用于静态地图的发布上，静态地图是指借助于HTML与HTTP服务器将事先制作好的地图以静态的格式发布到网上，用户只能浏览已有的地图，不能对地图进行交互式操作。随后出现了静态网络制图，该阶段用户与浏览器之间的交互依然有限，用户无法编辑地图图像。随着计算机技术的发展，后来出现了交互式网络GIS。该阶段客户端与服务器之间的交互功能有了改进，能够实现网络制图。到分布式地理信息服务阶段时，服务器和客户端之间可以直接进行通信，实现了复杂的分析功能。

（二）分布式地理信息系统

1. 分布式系统和C/S模型

分布式系统的定义是一组独立计算机的集合。从用户角度来看，分布式系统就相当于一台计算机。由于分布式系统的复杂性，其对软件和硬件的要求更高。客户机/服务器（C/S）模型是一种分布式系统结构，客户端向服务器提出信息处理的请求，服务器端接收到并解析请求后，会根据请求的内容执行相应操作，并将操作结果返回客户端。

2. 网络地理信息系统的组合方式

（1）全集中式

全集中式的地理信息系统把软件、数据库管理系统和数据库全部集中在中央服务器上，用户将请求发送至客户系统，由客户系统传递给服务器并显示结果。

（2）数据集中式

网络系统的数据进行集中式的存储和管理，网络的其他部分成为数据客户，它们一般都是带有一定功能的地理信息系统软件。

（3）功能集中式

与数据集中式相反，功能集中式的网络信息系统把绝大部分的功能集中在一个或者几个容量大、性能高的服务器上，由它们负责所有的分析和处理工作，数据则分散到客户端存储和管理。

（三）网络 GIS 的数据共享

地理空间数据近年来在许多部门中得到了广泛应用，尽管不同的部门和机构对地理空间数据的应用在区域上、目的上和内容上有很大不同，但这些应用始终会包括一些基础的空间数据，如交通、水文、行政区划、土地地籍和高程等。如果这些基础数据能够得到充分共享，则可以避免大量的重复采集工作，节约人力、物力，提高资源利用率。随着 GIS 技术本身的发展和应用需求的增长，不同 GIS 之间数据的共享和互操作必将受到越来越多的关注。

1. 分布式空间数据共享

（1）分布式空间数据库

分布式空间数据库是指空间数据在物理上分布于计算机网络的各个节点，每个节点拥有一个集中的空间数据库系统。

分布式空间数据库的特点：①数据在物理上分布，逻辑上统一。②数据具有独立性。这种独立性不仅表现为逻辑和物理上的独立，还表现为数据分布的独立性，即分布透明性。③适当的数据冗余。在分布式空间数据库中，有时为了提高系统中数据的可靠性，改善系统的性能，允许适当的数据冗余。

（2）地理信息的分布式计算

与传统的 GIS 相比，采用分布式计算模式的 GIS 数据和处理程序（应用程序）

不仅可以位于一个集中的服务器上，还可以分散到多个地理上分离的服务器上。

地理信息分布式计算的特点：① GIS 的应用功能装配在服务器上，为网络中的所有用户提供共享。②中间层的可重用组件，可以由开发人员采用任何自己熟悉的工具开发。③应用程序组件可以共享与数据库的连接，以克服数据库服务器为每个活动用户保持一个连接而造成负载过重的缺陷，增加了系统的动态可伸缩性。④不同层次的组件开发可以并行进行，提高了系统的开发效率。

（3）分布式空间数据共享

在网络条件下的分布式空间数据库的空间数据共享是指空间数据用户通过互联网有目的地从空间数据服务器那里透明地获取数据生产者生产的各种格式的数据。当前，异质环境下的数据库互操作仍是建设和推行分布式 GIS 的瓶颈问题。

解决这一问题的最有效途径无疑是把异质数据库（数据库系统不同）转变为同质数据库（数据库系统相同），但实际中并不可行，因此必须寻求其他途径来解决此问题，于是提出了数据库的一体化构想，实现联邦数据库管理。Sheth 和 Larson 用五层模式描述了这种联邦数据库的结构，目的就是发现成分模式和联邦模式之间的映射，并在局部操作和全局操作之间定义这种映射，利用统一数据模型的联邦模式屏蔽局部模式之间的差异性。

成分数据库是指分布于网络不同节点（或地理位置）的各种异质空间数据库，有本地数据库和远地数据库之分。

局部模式是指成分数据库的概念模式，即本地数据库采用的模型。成分模式是指从局部模式转换到联邦模式所用的一致的数据模型，即联邦模式所采用的模型。

输出模式是成分模式的一部分，它包含了所有被输出到联邦模式的数据，过滤掉成分模式的私有数据。

联邦模式也叫总体模式，是多个输出模式的一体化集合模式。

外部模式是 FDBS 的用户及应用所使用的模式，可能有一些额外的约束和限制。

上述的基本思想是使分布于不同区域的数据库通过网络连接在一起，实现逻辑上的一体化，即数据库的一体化，其核心是联邦模式的实现。由于采用一致数据模型的联邦模式屏蔽了局部模式的差异，因此用户只需关心外部模式，即本地局部模式与远地输入模式。

事实上，实现联邦模式还有一定的困难，更为现实的做法是建立基于空间元数据的分布式结构，以实现元数据共享管理。

分布式空间数据库虽然在数据交换方面有一些不足，但却是目前解决 GIS 海量数据共享问题最好的方案之一，这主要是因为其具有以下特点：①符合地理数据分布的特点。生产和更新地理空间数据的工作量巨大，一般需要多个单位参与，因此不同区域的生产单位会形成本区域内的地理空间数据库。此外，由于行业职能不同，已有的地理数据往往存放于不同的部门。采用分布式管理可以充分利用已有的资源，节省人力、物力和财力。②提高了可靠性和可用性。这是分布式最有吸引力的地方。在传统的集中式 GIS 数据库中，如果数据库或软件出了故障，则整个系统都无法使用。但当地理数据分布在多个节点时，即使某个节点出了故障，其他节点仍可以继续使用，只是出故障节点上的数据和软件不能使用而已。③使局部自治的数据实现共享，不强调集中控制，虽然各节点对本地数据库均有相应的自治权、高度的自主权，但其他节点也可以共享这些本地数据。④数据具有独立性。分布式数据库系统除具有集中式数据库系统的逻辑独立性和物理独立性外，还具有数据分布的独立性，即分布透明性。⑤分布式数据库具有硬件上的独立性以及操作系统上的独立性。

2. 空间数据共享平台框架

空间数据共享技术平台是指通过网络平台和空间数据平台建设，实现对多种类型数据的整合，包括以空间元数据为基础的目录服务、数据存取服务、交互式功能服务和数据集成应用服务等。

根据结构和功能的不同，我们可以将空间数据共享平台的总体框架分为三个层次：共享基础平台、共享服务体系和共享应用体系。

（1）空间数据共享基础平台

基础平台包括基础网络平台和基础数据平台，是海量空间数据共享技术平台的基础与保障。

基础网络平台：随着计算机技术和现代信息技术的飞速发展，网络已成为人们日常生活必不可少的一部分，同时也成为人们数据传输的首选方式。因此，在设计空间数据共享平台时，要充分发挥网络技术的优势，努力构建一个灵活、方便的可交互空间。

基础数据平台：基础数据平台是共享平台的灵魂。没有空间数据作为基础，空间数据的共享就失去了其应有的意义。

从结构上来看，基础数据平台包括国家级的空间数据中心、各部门的分布式空间数据库和一套完整的数据管理体系。由于网络 GIS 的结构为分布式的网络结构，因此空间数据共享技术平台的数据管理要考虑以分布式管理为主、集中式管理为辅的模式。

（2）空间数据共享服务体系

共享服务体系是共享平台的技术关键。空间数据的共享服务主要包括目录服务、数据服务和功能服务三个层次的内容。

目录服务：空间数据共享平台的目录服务是以空间元数据为核心的目录查询与管理。随着空间数据共享技术的不断进展，空间元数据库建设逐步受到各方重视，不少单位和部门已经建立了以提高空间信息服务效率为宗旨的空间元数据库及其管理系统。

目录服务中的元数据来源于两个渠道：一是从数据平台中心节点的集中数据目录中获取，但该渠道能获取的元数据十分有限；二是从各种分布式空间数据库（部门数据中心）的分布式数据目录中获取。分布式空间数据库及其元数据资源丰富、类型多样，是目录服务中元数据的主要来源。在这种获取方式中，数据平台中心节点充当整合分布于各个网站的空间数据于一个目录中的服务角色。这种服务方式可极大地方便用户查询，也利于网络相关信息的发布，但因需要不断地整合异构的分布式空间数据库资源，致使中心节点的任务比较繁重。

数据服务：数据服务是在空间元数据目录服务的基础上进一步提供相关空间数据的服务，它和元数据目录服务的本质区别在于它们的侧重点是不同的。目录服务侧重于空间数据库的目录管理，而数据服务的侧重点则是各种类型的数据管理。例如，网络 GIS、移动 GIS 就是典型的空间数据发布和服务平台。

目前，网络 GIS 中提供的数据分发方式主要有直接网上下载或者在网上订购后通过其他媒体提供。第一种方式比较方便实用，数据的实时性较强；第二种方式通过网站提供的接口向数据中心提出需求，数据中心根据用户的请求提取和加工数据后通过其他媒体或网络提供。

功能服务：功能服务是指开发一系列通用的基础性服务的功能性工具，以便用户能在众多来源的海量空间数据中快速搜索特定信息和整合多源数据等。

（3）空间数据共享应用体系

共享应用体系是共享技术平台的功能体现，为用户或应用直接提供所需的共享数据、服务和各种应用功能。为此需要为各部门和各类用户提供一系列的使用工具，使其能从来源众多、数量庞大的空间数据库中方便地搜索、整合和挖掘空间数据，及时获得所需的服务。具体地讲，空间数据共享应用体系至少应该体现下述三个方面的功能或服务。

基础服务模块：基础服务模块是指在空间数据共享基础平台上开发出的一系列能为各部门和用户提供服务，并且符合相应标准和规范的基础性功能模块（如中间件），以便构建符合需要的应用服务系统。

空间数据论坛：为满足空间数据应用、服务和研究的需要，建立一个科技论坛，以便为空间数据的研究者和用户提供科学和技术交流的平台。

空间数据挖掘：空间数据挖掘是空间数据共享平台的一个较深层次的应用。空间数据共享平台涉及的空间数据大多为行业性或领域性的数据，具有数据量大、内容丰富、规律性较强、类型多样等特点，在有关规范和数据模型的支持下，对分布式空间数据库的数据进行集成挖掘，可以为各部门提供有价值的科学决策依据。

（四）网络地理信息系统应用

网络 GIS 的应用方式可分为两类：一是基于互联网的公共信息在线服务，为公众提供交通、旅游、餐饮、娱乐、房地产和购物等与空间位置有关的信息服务，此方式在国内外的许多站点上已有成功的应用实例；二是基于内联网建立的企业/部门内部的网络 GIS 应用系统，为基于内联网的企业进行内部业务管理，如帮助企业进行设备管理、线路管理以及安全监控管理等，可在科研机构、政府职能部门、企事业单位得到广泛应用。从提供地理信息的网络服务内容和功能的角度，网络 GIS 应用可分为如下 4 类级别。

数据出版：在网络上提供基于地理的查询检索服务。

产品销售：通过互联网直接向用户销售特定地图产品。

GIS 服务：提供各类 GIS 在线服务。

数据共享：政府通过 Internet/Intranet 与上下级或相关机构实现 GIS 数据共享。网络 GIS 已经得到了越来越广泛的应用，在农业、林业、水利、地矿、交通、电信、新闻媒体、城市建设、教育、资源（土地、森林、水、矿物和海洋等）、环境、人口以及军事等众多领域都有成功的应用实例。从网络 GIS 应用领域的角度，可以分为如下三大应用领域。

1. 政府应用

“数字政府”是信息化时代政府信息化的新方向。“数字政府”是指利用现代信息和通信技术，在公共计算机网络、互联网以及专用信息网络平台上，通过改进政府的组织结构、工作流程和工作方式，密切政府和民众的联系，促进民主政治建设，强化政府高效务实的管理服务职能，以使整个政府机构反应灵敏、政务运作高效迅捷，并最终确保政府决策的科学性和民主性。

“数字政府”强调：政府要有效利用现代信息技术，并将其整合到政府管理中去，从而实现政府管理的目标；政府信息的公开性和可获得性，网上政府意味着政府的公开化和民主化，政府有责任和义务以更便利的方式让民众获得政府的信息；政府和公众之间的互动回应机制，网上政府的目的在于建立起跨越政府机关、企业与公众之间的互动机制，公众可以获得政府的信息和服务，而政府亦可以了解公众的合理要求，从而促使政府更有回应力和责任感；政府的工作更有效率，通过信息化的过程，改变与现实不相适应的政府组织形式，使行政程序简单化与统一化，政府政务电脑化与网络化，从而提高政府的办事效率。

2. 企业应用

由于网络 GIS 技术的重要性，众多 GIS 企业越来越关注网络 GIS 的研究、开发和应用，并推出了大量的网络 GIS 产品，以此为平台向用户提供地理信息的分布式服务，如 ESRI 的 ArcIMS、MapInfo 的 MapXtreme、Autodesk 的 MapGuide、Intergraph 的 GeoMedia WebMap，以及我国 GeoStar 的 GeoSurf 和 GeoBeans 等。基于上述产品也出现了许多企业的应用实例。

另外，其在商业网点选址也发挥着重要应用价值。对于商业网点而言，其所处的位置和布局不仅直接决定了销售收入的高低和商圈的大小，而且影响到商业网点的市场地位和形象，影响零售活动的开展。在进行商业网点选址分析时要以便利消费者为首要原则，从节省消费者的购物时间、购买费用的角度出发，最大限度地满足消费者的需要。否则，失去了消费者的支持和信赖，商业网点也就失去了存在的基础。商业设施的建立要充分考虑其市场潜力，如果在开设门店时不考虑其他零售店的分布、待建区周围居民区的分布和人数，建成之后就可能无法达到预期的市场和服务面。而且商业网点销售商品的品种和目标市场定位必须与待建区的人口结构（年龄构成、性别构成、文化层次）、消费水平等结合起来考虑。地理信息系统的空间分析和数据库功能可以有效解决这些问题。

运用 GIS 技术的商业网点选址策划地理信息系统，是根据区域地理环境的特点，综合考虑资源配置、市场潜力、交通条件、地形特征、环境影响等因素，在区域范围内选择最佳位置，充分体现了 GIS 的空间分析功能。

在商业网点选址 GIS 系统中可以计算各个商业网点的商圈大小。例如，可以用步行速度来测算 5 分钟的步行距离等值圈、10 分钟的步行距离等值圈。如果有自然的分隔线，如一条铁路线，商圈的覆盖就需要依据这种边界进行调整。

叠加分析商圈和人口数据，以及根据商圈内各个居住小区的详尽的人口的数量、年龄分布、文化水平、职业分布、人均可支配收入等指标，可以计算出商圈内的消费能力。

3. 公众应用

公众应用要求网络 GIS 要面向整个社会，满足社会各界对有关地理信息的需求，简言之就是“开放数据、简化操作和面向服务”，即网络 GIS 应通过有线或无线网络实现从数据到系统之间的完全共享和互操作。公众对 GIS 的认识普遍提高，应用需求大幅度增加，GIS 的应用也随之扩大与深化。国家级乃至全球性的 GIS 已成为公众关注的问题，例如：美国政府已将 GIS 列入“信息高速公路”计划，美国前副总统戈尔提出“数字地球”战略；我国的“21 世纪议程”和“三金工程”也包括网络 GIS。毫无疑问，网络 GIS 将发展成为现代社会最基本的网络服务系统。

二、地理信息系统行业应用

（一）GIS 在城市规划中的应用

GIS 可为企业级系统提供各种地理信息相关的应用，包括资产信息的管理、业务工作的规划和分析、为各种工作提供采集处理手段、用丰富的图表和直观的地图作科学决策，从而体现其价值，使得 GIS 逐渐成为规划行业信息化的主流信息技术之一。

对于城市设计的规划人员来说，取得成功的关键是作出正确的关于位置的决策，为此，GIS 提供了基于空间信息获取、处理与表达的方法。

工作人员通过“数字规划”直接调用计算机中的数据即可作出准确的判断。“数字规划”工程已经广泛应用于业务审批、行政办公、公众服务等平台，同时正全面服务于城市规划、建设、管理与发展的各个方面。GIS 以其强大的空间分析、空间信息可视化、空间信息组织等为核心的功能贯穿着规划行业信息化建设的每一个角落。

GIS 在规划行业的应用主要体现在城市规划辅助设计与辅助决策，异构空间信息资源集成、共享与发布，以及空间信息的组织与管理三个方面。①

1. 城市规划辅助设计与辅助决策

GIS 提供的空间分析、地理统计的工具与方法，对提高规划设计的工作能力、成果质量、工作效率来说，其作用是举足轻重的。结合规划行业的专业模型与人工智能，通过 GIS 强大的分析与图形渲染功能，可以实现重大工程的智能选址、分区、规划，综合管线路线或高压走廊的智能选线、保护，城市功能区、人口密度的辅助规划，交通、绿地、公交线路的布局等规划辅助决策功能。

GIS 技术在建设用地生态适宜性评价中有着广泛应用。例如：考虑地形地貌、水系、盐碱化、城镇吸引力、市政设施、污染源等诸多因子的甲醛分析；城市道路规划，如流量分析、道路拥堵分析、居民出行分析、噪声分析、降噪措施及效果分析等；经济技术指标辅助计算，如 GDP 密度分析、热点分析、城镇联系强度分析；商业中心选址辅助分析，如影响范围分析、居民购买力分析、交通物流影响分析；模型驱动的智能选址辅助，如地形地貌等工程适宜性分析、人口密度、交通、市政设施分析、城市用地及规划编制许可分析；城市景观辅助设计，如建筑高度、方位、体量、材质、通风、通视分析、日照、遮挡分析。

2. 异构空间信息资源集成、共享与发布

政府机构由众多的部门来执行数以百计的业务功能，以便向社会公众提供服务。绝大部分地理信息相关的业务功能需要位置定位作为操作的基础，利用 GIS 可以提高其提供信息发布和服务的效力、效率。

SOA 的系统框架，可以通过服务目录的通信或其他技术实现服务提供者和使用者间的连接，可以实现区级、市级、省级甚至国家级空间地理信息的集成、共享、发布，可以为数字城市、空间信息基础设施（SDI）的建设提供核心解决方案，从而构建共享、交互、联动企业级 GIS 解决方案。

3. 空间信息的组织与管理

城市规划涉及的空间数据具有明显的多源、多时相、多尺度、海量的特征，在使用过程中，需要跨部门、跨地域并发操作，即时进行更新，实时对外发布，以

① 柳永红，付国燕，部云峰 . 现代地理信息系统及应用 [M]. 北京：现代出版社，2023.

及动态加载、一体化的呈现。

（二）GIS 在土地定级中的应用

土地定级涉及的参评因素因子类型多样、数据量大，且定级对象不仅具有非空间属性，还具有空间属性。随着计算机技术的不断推广，运用地理信息系统技术来完成城镇土地定级工作逐渐取代传统的手工和手工加计算机辅助定级方法。GIS 是一种基于空间数据的图形、属性管理技术，具有强大的空间分析和数据管理功能。在某市城市土地价格调查中，主城区的土地定级就是基于 GIS 技术来完成土地定级的。

1. 土地定级信息系统组成与功能模块

基于 GIS 的土地定级工作要经过数道技术过程，包括数据编辑、定级因素分析和成果图输出等，土地定级信息系统就是由相应的这些子系统组成的，在每个子系统中有若干功能模块，这些功能模块以命令形式运行，并可采用嵌入主语言的方法构成新的用户界面。

2. 基于 GIS 的土地定级方法

目前，用计算机进行土地定级的处理方法有以下两种：①将定级对象划分为很细的网格单元，求出每一种影响因素对网格单元的作用分后，累加出对应各单元的影响程度。②以预先划分的定级单元为基础，用矢量图形的分析处理直接求出每一影响因素对各定级单元的作用分值及综合影响分值。

基于 GIS 的第一种土地定级方法就是从数据采集、分析到成果形成及应用等完全运用计算机系统软件操作，它旨在从根本上改善定级工作环境。其在透彻分析《城镇土地定级规程》的标准和要求的基础上，建立实用和高效的计算机化的地理信息系统，即城镇土地定级信息系统。

土地定级法充分利用地理信息系统的基于计算机、空间数据管理和空间分析的技术优势，将定级因素确定、土地级别评定、级差收益测算、资料定量化处理、分值计算、面积量算、数据管理、定级单元划分和成果图输出等整合在一个数据流程中，实现全数字化的信息处理模式。

3. 土地定级成果输出与成果运用建议

（1）土地定级成果输出

对于 MAPGIS 或 MAPINFO 图形处理，可先将定级文件通过数据转换窗口导入 MAPGIS 或 MAPINFO，然后在 MAPGIS 中通过拓扑检查建立拓扑关系，将不同级别设置为不同颜色，最后打印输出。

（2）成果运用建议

首先，土地定级的成果是土地估价的基础，为基准地价评估提供了可比的区域。其次，土地定级成果为征收土地使用税提供了依据。最后，在城市规划中运用土地定级成果，可使得土地的利用效益达到最高。

（三）GIS 在交通管理中的应用

GIS 凭借其强大的数据综合、地理模拟和空间分析能力，已在交通规划、综合运输、公共交通等方面有了广泛应用，并带来了显著的经济效益和社会效益。

GIS 在交通方面的应用可以分为铁路交通、公路交通、水运交通和航空交通 4 个方面。值得一提的是，GIS 在构建智能交通方面发展迅速，在建设现代物流系统方面具有重要作用。

1.GIS 在道路设计中的应用

GIS 在交通中能够很好地考虑和评估公路对环境的影响，因此交通地理信息系统可广泛应用于公路路线的选择和初步设计。

在道路的选线方面，GIS 可以利用 3D 技术从各个角度协调横纵关系，使道路设计与规划统筹发展。

选取所设计地区的数字化地图，通过连接地图中的控制点来确定路线的走向，最终制订一条路线方案。

利用路线方案中的高程点，自动生成等高线，绘制纵断面、横断面，并在此基础上进行道路横纵断面的设计。

在选择方案的同时，GIS 还可抽调其他图形、统计、道路及地面附着物等相关信息，通过对不同的路线方案进行对比、分析、筛选，直至获得最佳方案。

2.GIS 在交通规划中的应用

GIS 技术的线性参考系统、动态分段技术等，是建立交通规划信息系统的基础。在实际的日常生活中，货物密度模型的可视化表达、道路交通量和拥挤度的建模、货物的运输模拟等，都需要 GIS 技术支持。

3.GIS 在道路养护中的应用

日益提高的生活水平和迅速发展的科学技术，使得人们对道路的要求越来越高，加强对已建成公路的养护与管理变得愈加重要。

交通地理信息系统具有先进的路面、桥梁检测设备和数据收集手段，而且可与路面管理系统、桥梁管理系统等养护管理系统互通互联，使公路养护管理更加科学、合理。

4.GIS 在城市交通管理中的应用

GIS 在城市交通管理中的应用主要包括城市交通线路规划与分析、公交车辆的调度和应急事故处理、车站和道路设施管理等。

GIS 电子地图与传统地图的区别在于，其将不同物理内容的地图进行分类描述、存储和管理，以图层的形式表示单一的具体内容，通过图层叠加的方法显示最终所需信息。GIS 独具特色的地图表现能力，可将交通及交通相关信息可视化，并且将具体的变动信息方便、快捷地显示在图层上，从而构建新的交通地图。

5.GIS 在智能交通中的应用

GIS 可用于路况交通信息的实时监控、车辆的跟踪、养护巡视、应急抢险指挥以及公众出行服务等。

6.GIS 在高速公路管理中的应用

GIS 可用于高速公路结构物和业务数据的组织管理、三维构筑物建模与显示、无线传感器网络集成和信息采集传输等。

7.GIS 在水运交通中的应用

GIS 可用于航标及其动态的监控、船舶的动态监测、船舶导航、航道疏浚、水运安全以及内河航道规划等。

参 考 文 献

[1] 陈明辉，黎夏 . 遥感技术在城市发展与规划中的综合应用研究与实践 [M]. 武汉：武汉大学出版社，2017.

[2] 方圣辉，龚龑，孙家抦，等 . 遥感原理与应用 [M].4 版 . 武汉：武汉大学出版社，2024.

[3] 何宗宜 . 测绘管理与法律法规 [M]. 武汉：武汉大学出版社，2024.

[4] 焦明连 . 数字测绘技术的应用与研究 [M]. 徐州：中国矿业大学出版社，2012.

[5] 琚芳芳，翟全德，秦星敏 . 测绘学基础 [M]. 武汉：中国地质大学出版社，2020.

[6] 孔令惠 . 测绘工程管理 [M]. 郑州：黄河水利出版社，2019.

[7] 李玲 . 遥感数字图像处理 [M]. 重庆：重庆大学出版社，2010.

[8] 廖世芳，李光，陈俊任 . 测绘工程与遥感技术 [M]. 长春：吉林科学技术出版社，2023.

[9] 柳永红，付国燕，郜云峰 . 现代地理信息系统及应用 [M]. 北京：现代出版社，2023.

[10] 鲁志强，王蕴慧，孟祥妹 . 遥感原理与图像处理实验教程 [M]. 哈尔滨：哈尔滨工业大学出版社，2020.

[11] 马泽忠 . 现代测绘成果质量管理方法与实践 [M]. 重庆：重庆大学出版社，2021.

[12] 蔺茂金，朱秀杰，张旭东 . 测绘工程管理实践研究 [M]. 延吉：延边大学出版社，2017.

[13] 邵振峰 . 城市遥感原理方法和应用 [M]. 武汉：武汉大学出版社，2021.

[14] 王立，黄明，陆力 . 工程测绘技术与管理研究 [M]. 长春：吉林科学技术出版社，2023.

[15] 王桥，朱利 . 城市黑臭水体遥感监测技术与应用示范 [M]. 北京：中国环境出版集团，2018.

[16] 吴庆忠 . 测绘管理概论 [M]. 徐州：中国矿业大学出版社，2011.

[17] 武丰雷，李超，杨学峰 . 测绘技术与城市建设 [M]. 天津：天津科学技术出版社，2022.

[18] 武汉大学测绘学院测量平差学科组 . 误差理论与测量平差基础 [M].4 版 . 武汉：武汉大学出版社，2024.

[19] 徐成业，汤玉兵，马玉江 . 测绘工程技术研究与应用 [M]. 北京：文化发展出版社，2021.

[20] 许梁 . 基于三维激光扫描技术的结构检测方法研究 [D]. 济南：山东建筑大学，2024.

[21] 闫艳军，赵立中，王恒 . 建筑工程管理与测绘技术应用 [M]. 长春：吉林科学技术出版社，2024.

[22] 张博，杨莹 . 测绘法规与测绘工程管理 [M]. 北京：中国农业大学出版社，2024.

[23] 张军 . 测绘工程的质量管理与系统控制 [D]. 长沙：中南大学，2008.

[24] 张婷婷，殷有，邸利，等 . 遥感技术概论 [M]. 郑州：黄河水利出版社，2011.
[25] 赵卫红，王勇 . 测绘新技术在国土资源中的应用研究 [M]. 北京：中国原子能出版社，2022.
[26] 朱术龙 . 遥感图像处理与应用 [M]. 西安：西北工业大学出版社，2023.